KB097770

아는
만큼
보이는
세상

수학 편

원리 하나 알았을 뿐인데 일상이 편해지는 수학 첫걸음

아는 만큼 보이는 세상

수학 편
MATHEMATICS

쓰루사키 히사노리 지음 ─ 송경원 옮김

재미있고 쓸모 있는
'수학의 세계'로
초대합니다

"수학을 배워 봐야 아무런 쓸모가 없다"

어디서 한 번쯤은 들어본 말이지요? 그런데 사실은 그렇지 않습니다. "세상은 수학으로 이루어져 있다"라고 말해도 좋을 만큼 수학의 원리는 우리의 일과 생활을 떠받치고 있습니다.

A4 크기의 포스터를 A3 크기로 확대하는 경우를 생각해 봅시다. 포스터의 크기는 달라져도 포스터 안의 디자인이 전과 같다면 이는 '백은비(서양권의 황금비처럼, 동양권에서 가장 이상적으로 생각하는 비율)'를 활용한 덕분입니다. 또, '이번 주 월요일에는 벚꽃이 피겠구나'라며 꽃이 피는 시기를 예측할 수 있는 것은 '적분' 덕

분입니다. '그 사람은 잘생겼으니까(가정) 틀림없이 연인이 있을 거야(결론)'라는 추측은 '옳다'고 대답하기엔 어딘가 석연찮은 기분이 듭니다. 이럴 때는 '대우법(명제의 가정과 결론의 순서를 바꾸고 둘을 모두 부정하는 명제)'으로 생각해 봅시다.

이처럼 수학의 원리는 우리 주변의 다양한 상황에서 활용되고 있습니다. 그래서 수학적 사고를 익히면 일상에서 만나는 여러 가지 문제를 논리적으로 생각할 수 있습니다.

저는 세 살 무렵부터 숫자와 수학이 지닌 특유의 아름다움과 즐거움 그리고 심오함에 매료되어 평생을 수학의 늪에 푹 빠져 살아왔습니다. 또, '이토록 매력적인 수학의 세계를 다른 사람들에게도 널리 알리고 싶다'라는 생각에서 이 책을 썼습니다.

수학 알레르기가 있는 문과생들도 수학에 관한 다양한 이야기를 재미있게 읽을 수 있도록 어려운 수식이나 계산은 되도록 사용하지 않았습니다.

이 책에서는 크게 세 가지 시점으로 수학의 세계를 소개할 것입니다.

먼저, "수학은 재미있다!"입니다. 숫자와 수학에 얽힌 다양한 에피소드 중에는 우리가 잘 몰랐던 흥미로운 이야기들이 무척 많습니다. 그리고 이는 제가 수학의 늪에 푹 빠진 계기이기도 합니다.

　솔방울과 고대 그리스의 조각상인 밀로의 비너스의 공통점을 아시나요? 이 둘에는 모두 사람이 아름다움을 느끼는 비율인 '황금비'가 숨어 있습니다. 또, 아주 큰 수를 나타낼 때 보통 만(萬)이나 조(兆) 같은 단위를 사용합니다. 이보다 훨씬 더 큰 수를 표현하는 단위 중에는 언뜻 들으면 농담처럼 들리는 불가설불가설전(不可說不可說轉)과 같은 단위도 있습니다. 1장에서는 그런 숫자에 얽힌 재미있는 이야기들을 소개합니다.

　두 번째는 "수학은 쓸모 있다!"입니다. 수학적 사고법을 익혀 두면 일과 일상생활에서 꽤 괜찮은 무기로 활용할 수 있습니다. 많은 수의 물체를 빠짐없이 셀 수 있는 '일대일 대응'이나, 요리나 일을 처리하는 프로세스를 효율적으로 정리하는 '플로차트' 등 알아 두면 편리한 것들이 많습니다. 2장에서는 그러한 수학적 지식을 바탕으로 둔 사고법을 정리했습니다.

　세 번째는 "세상은 수학으로 가득 차 있다!"입니다. 수학이 없었다면 지금과 같은 일상생활을 누리지 못 했을 것입니다. '소인수분해'를 이용해 인터넷상에서 주고받는 데이터의 보안을 지킨다거나, 벚꽃의 개화 시기를 예측하는 데 '적분법'이 사용되는 등 세상의 모든 것에 수학이 관련되어 있다고 해도 지나친 말이 아닙니다. 3장에서는 세상과 수학 사이의 뜻밖의 연결 고리를 풀어냅니다.

마지막으로 4장에서는 역사에 길이 남을 업적을 남긴 수학자들과 그들이 얽힌 여러 에피소드를 소개합니다. 놀라운 천재성과 괴짜 같은 면모를 함께 보여 주는 수학자들의 이야기를 알면, 어쩐지 가까이 다가가기 힘들었던 천재 수학자들이 친근하게 느껴지는 계기가 되리라 생각합니다.

책 끝부분에서는 계산 속도를 높이는 약간의 테크닉을 소개합니다. 문과, 이과 가릴 것 없이 누구나 쉽게 활용할 수 있는 간편한 방법들을 모았으니 한 번쯤 꼭 따라해 보기를 바랍니다.

차례대로 읽어도 좋고, 목차를 훑어본 뒤에 흥미를 끄는 페이지부터 펼쳐 읽어도 좋습니다. 어떤 순서를 따라 읽든, 이 책의 마지막 페이지를 넘길 쯤에는 분명 세상을 보는 시선이 달라져 있을 것입니다.

앞에서 말한 대로 저는 세 살 무렵부터 수학의 늪에 빠졌습니다. 숫자 자체에 빠져서 어머니가 보던 퍼즐 잡지에 실린 문제와 답을 무작정 베껴 쓰곤 했습니다. 학교에 다닌 이후로는 '답은 하나라도, 그것에 이르는 길은 무수히 많다'라고 알려 주는 수학의 자유로움에 끌렸습니다.

그 자유로움이 상징하듯이 수학의 세계는 무한히 넓고 제약도 없는 재미있는 공간입니다. 다시 말해, 수학의 늪은 한번 빠지면 헤어 나올 수 없을 정도로 깊고 매력 넘치는 곳입니다.

이 책을 계기로 한 사람이라도 더 많은 사람이 수학의 늪에 빠지게 된다면, 나아가 '배움의 즐거움'을 알아 준다면 무척 기쁘겠습니다.

쓰루사키 히사노리

들어가며 재미있고 쓸모 있는 '수학의 세계'로 초대합니다   005

CHAPTER 1.
숫자와 친해질수록 수학이 재미있어진다
친화력 Level Up

숫자만 알면 다빈치가 될 수 있다? · 황금비   017

토끼와 해바라기에 무슨 공통점이 있다는 걸까? · 피보나치 수열   021

A4용지에도 수학이 숨어 있다 · 백은비   024

수학자들이 피타고라스를 찬양하는 이유 · 피타고라스 정리   027

'조'보다 큰 수는 뭐라고 부를까? · 수의 단위   030

'나노'와 '기가'는 어디서 만들어진 걸까? · SI 접두어   034

수학이 없었다면 구글도 없었다는 말의 비밀 · 구골   036

너무 커서 기네스북에 오른 숫자의 정체 · 그레이엄 수   038

수학자들은 왜 '무한'을 부정했을까? · 무한의 등장   040

화학과 수학의 '농도'가 다른 이유 · 수학의 농도   044

보고도 믿을 수 없었던 농담 같은 숫자 · 무한의 발견   047

'-1'이 최근까지도 '가짜 수'라고 불린 이유 · 0과 음수   050

피타고라스가 부정한 숫자 '$\sqrt{2}$' · 무리수   053

인류가 마지막으로 도달한 숫자 · 허수   057

숫자 세계의 끝에는 무엇이 있을까? · 복소수   061

CHAPTER 2.
원리만 이해하면 술술 풀리는 이불 밖 세상
사고력 Level Up

게임을 켜기 전에는 수학책을 먼저 펼쳐 보자 · 확률론　　065

우리 집 뒷산에는 나무가 얼마나 있을까? · 일대일 대응　　070

동네 뒷산에 사는 까마귀 수를 수학으로 알 수 있다? · 표지재포획법　　073

미로에서 길을 잃지 않으려면 어떻게 해야 할까? · 탐색 알고리즘　　076

사전에서 추측만으로 원하는 단어를 찾는 법 · 이진 탐색　　079

내 하루를 48시간으로 만드는 기적 · 플로차트　　083

'이것'만 알면 새 스마트폰을 가질 수 있다? · 벤 다이어그램　　087

수학으로 부자가 되는 복리의 법칙 · 단리와 복리　　092

오늘 외운 영어 단어 하나가 백 개로 돌아온다? · 노력과 복리　　098

참이냐, 거짓이냐, 기준이 문제다 · 대우법　　100

이상형, 미리 포기할 필요는 없다 · 대우법 활용　　103

마트의 '사이즈 업'이 사기처럼 느껴지는 이유 · 닮음비　　107

왜 수학자들은 평균을 믿지 않을까? · 표준편차　　111

나는 남들보다 얼마나 잘하고 있을까? · 편차값　　115

CHAPTER 3.
세상은 온통 수학! 일상의 숨은 패턴 읽는 법
통찰력 Level Up

도박으로 백만장자가 될 수 없는 이유 · 마틴게일법   121

복권 구입 이득일까, 손해일까? · 기댓값 계산   126

보험을 팔고 싶다면 수학을 알아야 한다 · 보험과 수학   129

서울에서 부산까지 5분이면 된다? · 사이클로이드   131

고속도로 출구에는 왜 커브 구간이 많을까? · 클로소이드   135

'미분'이 전쟁의 유물이라는 말의 정체 · 미분의 탄생   138

전자체온계는 어떻게 30초 만에 체온을 알 수 있을까? · 미분의 활용   142

'적분' 때문에 억울하게 죽은 수학자 · 적분의 역사   145

기상청보다 빠르게 벚꽃 피는 날 아는 법 · 적분과 벚꽃   149

인터넷 사이트에 걱정 없이 로그인할 수 있는 이유 · 암호의 발전   152

우리의 정보를 지켜 주는 '공개키 암호' · RSA 암호   155

컴퓨터 한 대로 누구나 해커가 될 수 있다고? · 쇼어 알고리즘   159

보험도, 연금도 통계가 중요하다 · 통계학   161

선거 출구조사는 몇 명에게 물어야 정확할까? · 표본조사   164

숫자를 속여 정치인이 된 사람 · 게리맨더링   167

우연과 필연을 구별하는 방법 · 신뢰도   169

수학자는 왜 혈액형 점을 싫어할까? · 혈액형과 확률   172

인류는 원래 O형밖에 없었다? · 혈액형의 역사   178

CHAPTER 4.
수학자와 친해지면 수학자처럼 생각할 수 있을까?
상식 Level Up

우리가 몰랐던 피타고라스의 비밀 · 피타고라스　　　　　　183

처음으로 지구의 크기를 알아낸 사람은 누구일까? · 에라토스테네스　　185

'페르마의 마지막 정리'가 유명한 이유 · 피에르 드 페르마　　　188

중력은 발견해도 돈은 못 끌어온 사람 · 아이작 뉴턴　　　　191

결투로 요절한 천재 수학자 · 에바리스트 갈루아　　　　　194

택시 번호판에도 수학이 숨어 있다? · 스리니바사 라마누잔　　198

계산으로 컴퓨터를 이길 수 있을까? · 존 폰 노이만　　　　202

암호 해독으로 전쟁을 끝내다 · 앨런 튜링　　　　　　　206

원숭이도 나무에서 떨어진다 · 알렉산더 그로텐디크　　　209

부록　문과도 알아 두면 도움되는 계산의 기술　　　　　213

나오며　우리 모두가 '자기만의 공식'을 찾게 될 그날까지　　232

1

숫자와
친해질수록
수학이
재미있어진다

· 친화력 Level Up ·

숫자만 알면
다빈치가 될 수 있다?
황금비

우리는 사막에서 끝없이 펼쳐지는 모래밭을 마주하거나 해안가에서 섬세하게 다듬어진 모래 조각 작품을 만날 때, 또 겨울 산의 정상에서 눈 아래로 펼쳐지는 웅장한 자연을 바라볼 때 '아름답다'고 느낍니다.

눈앞에 있는 사물이나 풍경의 '무언가'가 감성을 건드리는 것입니다. 그런데 이 무언가는 수학을 이용해 설명할 수 있습니다. 수학과 아름다움 사이에는 의외의 연결 고리가 숨어 있기 때문입니다. 혹시 '황금비'라고 들어 보았나요? 맞습니다. 황금비란 '인간이 본능적으로 아름답다고 느끼는 비율'을 뜻합니다.

황금비는 고대에 자연과 도형을 연구하던 중 우연찮게 발견되었고, 그때부터 줄곧 수학자들을 사로잡아 왔습니다. 이 비(比)를 숫자로 나타내면 1:1.6180339887…입니다. 여기서 1.6180339887…은 $\frac{1+\sqrt{5}}{2}$로 나타낼 수 있으며, 소수점 아래 의 숫자가 반복 없이 끝없이 이어진다는 의미로 '무리수'라고 부 릅니다.

이 비를 황금비라고 하며 그리스 문자 Ø(파이)로 나타냅니다. 즉, Ø = $\frac{1+\sqrt{5}}{2}$입니다. 또, 황금비를 정수로 환산하면 약 5:8이 됩니다.

피타고라스와 황금비의 연결 고리

그리스의 철학자이자 수학자였던 피타고라스(Pythagoras)가 만 든 종교 학파인 피타고라스 교단은 오각별을 그들의 상징으로 삼았습니다. 오각별이란 정오각형의 대각선을 연결해 만들어 지는 별 모양을 뜻합니다. 이 정오각형의 한 변의 길이를 1이라 고 하면 대각선의 길이는 1.6180339887…이 됩니다. 즉, 정오 각형의 한 변의 길이와 대각선의 길이의 비가 황금비를 이루는 것입니다.

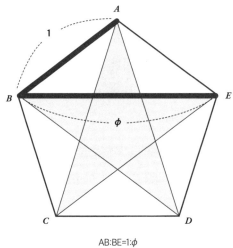

AB:BE=1:ϕ
'정오각형의 한 변:대각선'은 황금비

인간이 아름다움을 느끼는 비율 '황금비'

밀로의 비너스는
왜 아름다울까?

황금비가 나타나는 가장 유명한 사례로는 그리스의 파르테논 신전과 밀로의 비너스를 들 수 있습니다. 파르테논 신전은 가로와 세로의 비율이 황금비를 이룹니다. 또, 밀로의 비너스는 머리에서 발끝까지의 길이와 배꼽에서 발끝까지의 길이의 비, 그리고 머리에서 배꼽까지의 길이와 턱에서 배꼽까지의 길이의 비가 ø:1이라고 합니다.

여기에는 한 가지 논란이 있습니다. 파르테논 신전이나 밀로의 비너스에 숨겨진 황금비는 의도된 것이 아니라, '인간은 직사각형의 가로와 세로 길이의 비가 황금비를 이룰 때 아름답다고 느낀다'라는 설을 근거로 후대의 사람들이 덧붙인 해석이라는 것입니다.

정확한 비율은 몰랐더라도, 오래전부터 유럽인들이 황금비를 이루는 직사각형을 미적으로 가장 아름다운 형태라고 여긴 것은 사실입니다. 파리의 개선문이나 레오나르도 다빈치의 모나리자 등 유럽의 수많은 건조물과 예술 작품에서 황금비가 적용된 예를 쉽게 발견할 수 있습니다.

아 는 만 큼 보 이 는 MATH POINT

☐ 황금비란 인간이 본능적으로 아름답다고 느끼는 비율을 뜻한다.
☐ 황금비는 ø로 표기하며, 정수로 환산하면 약 5:8이다.
☐ 파리의 개선문, 다빈치의 모나리자 등 오래전부터 유럽은 황금비를 사용해 왔다.

토끼와 해바라기에
무슨 공통점이 있다는 걸까?
피보나치 수열

황금비는 자연과도 밀접한 관련이 있습니다. 황금비와 관계가 깊은 '피보나치 수열'이 자연에서 자주 나타난다는 점을 보면 알 수 있습니다.

먼저, 피보나치 수열을 알아봅시다. 피보나치 수열이란 1, 1, 2, 3, 5, 8, 13, 21… 과 같이 숫자 1과 1로 시작하여 바로 앞의 두 항을 더하면 다음 항이 나오는 단순한 규칙에 따라 만들어진 수열을 뜻합니다. 이 수열의 각 항에 있는 수를 '피보나치 수'라고 합니다.

이 수열의 이름은 이탈리아 수학자 레오나르도 피보나치 (Leonardo Fibonacci)의 이름에서 따온 것입니다. 피보나치는 토끼의 번식 과정을 관찰하다가 이 수열을 발견했다고 합니다.

황금비와 피보나치 수열 사이에는 어떠한 연결 고리가 있을까요? 피보나치 수열을 세로로 늘어놓고, 아래 숫자와 위 숫자의 비율을 살펴봅시다(23쪽 그림). $1÷1=1$, $2÷1=2$, $3÷2=1.5$, $5÷3=1.666$, $8÷5=1.6$…라는 식으로 계산해 나가면, 어떤 한 수에 점점 가까워 진다는 것을 확인할 수 있습니다. 그 수는 바로 1.618033……, 즉 황금비입니다.

볼수록 넘쳐나는
자연과 황금비의 연결 고리

황금비와 피보나치 수열의 관계가 자연에서 나타나는 대표적인 사례로는 파인애플, 솔방울, 해바라기 등이 있습니다.

솔방울을 아래에서 보면 비늘 조각이 서로 반대 방향으로 나선형을 이루며 배열되어 있는 것을 볼 수 있습니다. 이 나선의 개수를 세어 보면 시계 방향으로 휘어진 것이 13줄, 반시계 방향으로 휘어진 것이 8줄인 것을 알 수 있습니다. 즉, 솔방울의 나선 개수는 8과 13 같은 피보나치 수로 이루어집니다.

왜 자연에는 황금비와 관련된 숫자들이 넘쳐 날까요? 세상과 수학 사이의 연결 고리는 알면 알수록 신기하고 놀랍습니다.

피보나치 수열과 황금비

$$1, \ 1, \ 2, \ 3, \ 5, \ 8, \ 13 \cdots 1597, \ 2584$$

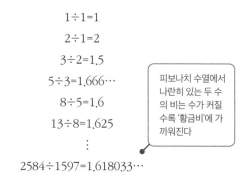

$$1 \div 1 = 1$$
$$2 \div 1 = 2$$
$$3 \div 2 = 1.5$$
$$5 \div 3 = 1.666 \cdots$$
$$8 \div 5 = 1.6$$
$$13 \div 8 = 1.625$$
$$\vdots$$
$$2584 \div 1597 = 1.618033 \cdots$$

> 피보나치 수열에서 나란히 있는 두 수의 비는 수가 커질수록 '황금비'에 가까워진다

자연에서 나타나는 피보나치 수열

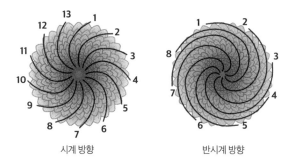

시계 방향   반시계 방향

피보나치 수열

📺 아 는 만 큼 보 이 는 M A T H P O I N T

☐ 나란히 있는 피보나치 수의 비율을 차례대로 계산해 보면 점점 황금비에 가까워진다.

☐ 피보나치 수열은 파인애플, 솔방울, 해바라기 등등 자연에서 자주 나타난다.

A4용지에도
수학이 숨어 있다
백은비

앞에서는 유럽에서 사랑받은 황금비를 이야기했습니다. 그런데 동양에도 황금비처럼 오래전부터 사랑받아 온 비율이 있습니다. 바로 '1:$\sqrt{2}$'의 비를 이루는 '백은비($白銀比$)'입니다. 정수로 환산하면 약 5:7 정도가 됩니다. $\sqrt{2}$는 한 변의 길이가 1인 정사각형 대각선의 길이이자, 직각과 수직을 이루는 두 변의 길이가 1인 직각이등변 삼각형의 빗변의 길이이기도 합니다.

특히 백은비는 일본의 목수들 사이에서 '신의 비율'로 여겨져, 일본에 여행가면 보게 되는 오래된 건조물들에 널리 사용되어 왔습니다.

일상에서 유용하게 쓰이는
백은비

저는 황금비보다 백은비를 더 좋아합니다. 외형도 아름답지만 기능성 또한 높기 때문입니다. 예시를 한번 들어 볼까요?

우리가 일상에서 흔히 사용하는 인쇄용 종이를 A4나 B5용지 등으로 부릅니다. 이때 앞의 알파벳은 종이 규격의 종류, 뒤의 숫자는 크기를 나타냅니다. 재미있는 점은 A로 시작하는 판형이든 B로 시작하는 판형이든, 가로와 세로 길이의 비율이 모두 백은비를 이룬다는 사실입니다.

백은비로 만들어진 사물들은 크기가 2분의 1, 4분의 1, 8분의 1… 등으로 줄더라도 항상 가로세로의 비율은 똑같이 백은비를 이룹니다. 일상에서 활용하기에 아주 편리한 특징을 지닌 것입니다.

A4용지에 그려진 그림을 복사기를 이용해 두 배로 확대하거나, 반대로 2분의 1로 축소해도 비율은 그대로이기 때문에 처음의 디자인이 고스란히 유지됩니다. 이런 특징을 지닌 비율은 백은비가 유일합니다.

26쪽 그림과 같이 A0판의 절반 크기가 A1판, A1판의 절반 크기가 A2판, A2판의 절반 크기가 A3판… 이라는 식으로 판형의 크기가 정해져 있습니다. B판형도 마찬가지입니다. 참고로 말하자면, B판형의 면적은 A판형보다 1.5배 더 큽니다.

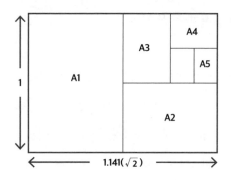

백은비는 크기를 절반으로 줄여도 유지되는 성질이 있다

아름다움과 편리성을 함께 갖춘 '백은비'

이와 같이 종이의 크기를 계속 반으로 줄여 나가도 백은비가 유지되기 때문에, 종이를 제작하면서 불필요하게 버려지는 부분이 사라집니다. 매우 합리적이지요. 이것이 앞서 '기능성이 높다'고 말한 이유입니다.

📺 **아 는 만 큼 보 이 는 M A T H P O I N T**

☐ 오래전부터 동양에서 사랑받은 백은비는 높은 기능성 덕분에 일상에서 자주 활용된다.
☐ A4용지에 적힌 내용을 똑같은 비율로 A3용지에 인쇄할 수 있는 이유는 두 용지 모두 백은비로 구성되어 있기 때문이다.

수학자들이 피타고라스를 찬양하는 이유
피타고라스 정리

    지금까지 황금비와 백은비를 예로 들어 수학과 아름다움의 관계를 살펴봤습니다. 이제 수학 자체의 아름다움에 관한 이야기로 시선을 돌려 볼까요?

    사람들에게 널리 알려진 '피타고라스 정리'는 무수히 많은 수학적 이론 중에서도 유독 아름다운 이론입니다. 피타고라스 정리란 직각삼각형에서 빗변의 길이를 c, 다른 두 변의 길이를 a, b라고 할 때, $a^2+b^2=c^2$라는 공식이 성립한다는 정리입니다.

    피타고라스 정리의 아름다움은 '단순함'과 '의외성'에 있습니다. '단순함'은 누구나 쉽게 동의할 수 있는 특징이라고 생각하지만, '의외성'은 설명이 조금 필요할 것 같습니다.

직각삼각형의 두 변을 각각 제곱해 더한 값이 빗변을 제곱한 값과 같은지 알아보자.

어느 누가 이러한 생각을 쉽게 떠올릴 수 있을까요? 또, 피타고라스는 어떻게 변의 길이를 제곱해 볼 생각을 했을까요? 볼수록 참 신기합니다. 이처럼 '왜 그렇게 되는지' 이유를 바로 알 수 없는 정리나 성질에서 일종의 아름다움이 느껴지는 것 같습니다.

피타고라스 정리는
피타고라스가 발견하지 않았다

사실 피타고라스 정리를 처음 발견한 사람은 피타고라스가 아닙니다. 고대 바빌로니아(현재의 이라크 지역)의 유적에서 발견된 점토판에는 이미 피타고라스 정리를 이용해 토지를 측량한 흔적이 남아 있다고 합니다.

피타고라스 정리는 고대부터 토지의 측량이나 건조물의 설계 등 다양한 상황에서 사용될 만큼 기능성도 뛰어납니다. 백은비도 그렇지만, 수학적 원리는 아름다움과 실용성을 함께 갖추었을 때 더욱 큰 매력을 발하는 듯합니다.

학교에서 배웠던 수학 개념이나 거리에서 자주 보는 건물처럼 우리 주변의 곳곳에 수학의 아름다움이 숨어 있습니다. 두 눈을 크게 뜨고 일상 속에서 수학의 원리를 하나씩 찾아 봅시다. 전에는 몰랐던 아름다운 세상을 발견할 수 있을 것입니다.

아 는 만 큼 보 이 는 MATH POINT

□ 피타고라스 정리는 피타고라스가 처음 발견한 것이 아니다.
□ 피타고라스 정리는 고대 바빌로니아 때부터 토지의 측량, 건물 설계에 활용되어 왔다.

'조'보다 큰 수는
뭐라고 부를까?
수의 단위

이번에 전하고 싶은 말을 한마디로 이것입니다.

'큰 수'는 멋지다!

이유는 알 수 없지만, 아이들은 '큰 수'를 좋아합니다. 유년 시절을 되돌아보면, "내 캐릭터 카드가 1억 만 배는 더 강해!"라고 말하는 등 어떤 것의 수치를 이야기할 때 자신이 아는 가장 큰 수를 말하는 아이들이 많았습니다. 옛 기억을 떠올리며 큰 수와 관련한 이야기를 해 보겠습니다.

'무량대수'라는 말을 알고 있나요? 우리는 일상에서 수를 나타낼 때 일, 십, 백, 천, 만, 억, 조…와 같은 단위를 사용합니다. 한국이나 일본 같은 한자 문화권에서는 '만' 단위보다 수가 커질 경우 네 자리마다 수의 단위가 바뀝니다.

수의 단위는 모두 스물한 개가 있는데(32쪽 표), 그중에서 가장 큰 수의 단위가 무량대수입니다. 지수를 이용해 나타내면 10의 68제곱이 됩니다. 무량대수라는 이름은 불교 용어에서 유래되었으며, 학자들은 우리은하의 모든 원자 개수가 이 무량대수에 가깝다고 추측하고 있습니다.

우리가 몰랐던
수의 여러 가지 단위들

수의 이름은 16번째까지는 억이나 조와 같은 한자 한 글자, 17번째부터는 한자 세 글자, 20번째와 21번째는 한자 네 글자로 나타냅니다. 17번째는 항하사라는 단위인데, 인도 갠지스강 유역의 모든 모래알의 개수라는 뜻입니다. 19번째 나유타는 애니메이션이나 게임 캐릭터의 이름으로도 등장해서 들어본 사람도 있을 듯합니다.

불교 경전 중 하나인 《화엄경》에는 무량대수와는 비교할 수 없을 정도로 큰 수가 등장합니다. 바로 앞에서 말한 '불가설불가

수의 단위

일(一)	10^0	1
십(十)	10^1	10
백(百)	10^2	100
천(千)	10^3	1,000
만(萬)	10^4	10,000
억(億)	10^8	100,000,000
조(兆)	10^{12}	1,000,000,000,000
경(京)	10^{16}	10,000,000,000,000,000
해(垓)	10^{20}	100,000,000,000,000,000,000
자(秭)	10^{24}	1,000,000,000,000,000,000,000,000
양(穰)	10^{28}	10,000,000,000,000,000,000,000,000,000
구(溝)	10^{32}	100,000,000,000,000,000,000,000,000,000,000
간(澗)	10^{36}	1,000,000,000,000,000,000,000,000,000,000,000,000
정(正)	10^{40}	10,000,000,000,000,000,000,000,000,000,000,000,000,000
재(載)	10^{44}	100,000,000,000,000,000,000,000,000,000,000,000,000,000,000
극(極)	10^{48}	1,000,000,000,000,000,000,000,000,000,000,000,000,000,000,000,000
항하사(恒河沙)	10^{52}	10,000,000,000,000,000,000,000,000,000,000,000,000,000,000,000,000,000
아승기(阿僧祇)	10^{56}	100,000,000,000,000,000,000,000,000,000,000,000,000,000,000,000,000,000,000
나유타(那由他)	10^{60}	1,000,000,000,000,000,000,000,000,000,000,000,000,000,000,000,000,000,000,000,000
불가사의(不可思議)	10^{64}	10,000,000,000,000,000,000,000,000,000,000,000,000,000,000,000,000,000,000,000,000,000
무량대수(無量大數)	10^{68}	100,000,000,000,000,000,000,000,000,000,000,000,000,000,000,000,000,000,000,000,000,000,000

설전'이라는 수입니다. 이 수는 불경에서 수를 나타내는 말 중에 가장 큰 수로 알려져 있으며, 10의 37218383881977644441306597687849648128제곱을 뜻합니다. 10의 어깨 위에 붙은 지수가 무려 38자리나 되는 것입니다.

아는 만큼 보이는 세상 | 수학 편

수학과 함께 큰 수를 무척 좋아했던 저는 어렸을 때 수의 단위 스물한 개를 전부 외웠고, 지금도 줄줄 읊을 수 있습니다. 사실 퀴즈 프로그램에서 정답을 맞힐 때를 제외하고는 일상생활에서 불가설불가설전이나 무량대수 같은 큰 수를 쓸 일은 거의 없지만 말입니다.

🖥️ 아 는 만 큼 보 이 는 **MATH POINT**

□ 한자 문화권에서는 '만' 단위 이상부터 네 자리마다 수의 단위가 바뀐다.
□ 수의 단위 중 가장 큰 단위는 무량대수이며, 지수로 나타내면 10의 68제곱이다.

'나노'와 '기가'는
어디서 만들어진 걸까?
SI 접두어

앞에서 언급한 수의 단위를 보며 '나와는 평생 관련이 없겠다' 라는 생각이 들었을 수도 있습니다. 한편, 알아 두면 생활에 도움이 되는 큰 수도 있습니다. 국제 도량형 총회(CGPM)에서는 국제단위계(SI, 측정 단위를 국제적으로 통일한 체계)의 각 단위에서 사용되는 양의 크기를 쉽게 나타내기 위해 'SI 접두어'를 정했습니다.

스마트폰과 같은 통신기기를 사용해 봤다면 '메가바이트'나 '기가바이트'와 같은 단어를 자주 들어봤을 겁니다. 이 '메가(M, mega)'나 '기가(G, giga)'가 바로 SI 접두어입니다. 메가는 10의 6제곱을, 기가는 10의 9제곱을 나타냅니다.

'마이크로(μ, micro)'나 '나노(n, nano)'라는 말도 종종 접할 수 있

습니다. 이 역시 SI 접두어입니다. 메가나 기가가 큰 수를 나타
낸다면, 마이크로는 10의 -6제곱, 나노는 10의 -9제곱과 같이 아
주 작은 수를 나타냅니다.

'메가' 다음이
'기가'인 이유

메가의 1,000배를 기가, 마이크로의 1,000분의 1을 나노로 나
타낸다는 점을 주목해 주세요. 킬로(k, kilo)에서 메가, 메가에서
기가 등 큰 수는 단위가 커질 때마다 1,000배씩 증가하고, 반대
로 밀리(m, milli)에서 마이크로, 마이크로에서 나노 등 아주 작은
수는 단위가 작아질 때마다 1,000분의 1씩 감소합니다.

이처럼 SI 접두어란 큰 수나 아주 작은 수를 간편하게 표현하
기 위해 만든 단위입니다. 2022년 10월까지 스무 개의 접두어
를 사용해 왔으며, 약 30년 만에 네 개의 단위가 추가되어 총 스
물네 개가 되었습니다. 그만큼 인류가 다루는 수의 폭이 점점
넓어지고 있다는 사실을 의미합니다.

아는 만큼 보이는 MATH POINT

☐ 메가, 기가, 나노, 마이크로 등은 'SI 접두어'이다.
☐ 메가와 기가 같은 큰 수는 1,000배 증가할 때마다, 나노와 마이크로 같은 작은 수
는 1,000분의 1 감소할 때마다 명칭이 바뀐다.

수학이 없었다면
구글도 없었다는 말의 비밀
구골

현재 SI 접두어 중에서 가장 큰 수의 단위는 10의 30제곱을 나타내는 '퀘타(Q, Quetta)'입니다. 그런데 1920년에 이보다 더 큰 수의 단위를 생각해 낸 사람이 있었습니다. 바로 '구골(googol)'이라는 단어를 만든 미국의 수학자 에드워드 캐스너(Edward Kasner)입니다. 캐스너는 1구골은 10의 100제곱(10^{100}), 즉 1 뒤에 0이 100개나 붙는 큰 수라고 정의했습니다. 이 엄청나게 큰 수에 구골이라는 이름을 붙인 사람은 사실 캐스너의 아홉 살짜리 조카라고 합니다.

아는 만큼 보이는 세상 | 수학 편

구글은 사실
구골의 오타다

구골이라고 하면 누구나 검색 엔진 구글(Google)을 먼저 떠올릴 것입니다. 구글이라는 이름은 원래 구골에서 유래했습니다. 사실 구글의 창업자들이 사용하려고 했던 이름은 구골이었는데, 철자를 잘못 쓰는 바람에 구글이 되었다는 재미있는 일화가 있습니다.

캐스너는 구골보다 더 큰 수의 단위인 '구골플렉스(googolplex)'라는 단어도 만들어 냈습니다. 1구골플렉스는 10의 1구골제곱($10^{10^{100}}$)입니다. 참고로 구글 본사는 '구글플렉스(Googleplex)'라는 애칭으로 불립니다. 이 또한 구골플렉스에서 유래했습니다.

이처럼 '지수의 지수'라는 식으로 지수 탑을 계속 쌓아 올리면 엄청나게 거대한 수를 나타낼 수 있습니다.

📺 아 는 만 큼 보 이 는 MATH POINT

☐ 검색 엔진 구글은 사실 구골(10^{100})의 오탈자다.
☐ 구글의 애칭인 구글플렉스 또한 구골플렉스($10^{10^{100}}$)에서 유래했다.

너무 커서 기네스북에 오른 숫자의 정체
그레이엄 수

마지막으로 또 하나의 거대한 수를 소개하겠습니다. 여러분, 혹시 '그레이엄 수'라고 들어 보셨나요? 이 수는 '수학적 증명에 사용된 가장 큰 수'로 기네스북에도 올랐습니다.

1970년 미국의 수학자 로널드 그레이엄(Ronald Graham)과 브루스 리 로스차일드(Bruce Lee Rothschild)는 '램지이론(Ramsey theory, 구조 속에서 특정한 질서를 찾는 법을 연구하는 분야)'을 연구하던 중, 초입방체에 관한 어떤 문제의 해결을 위해 그레이엄 수를 '미해결 문제의 상한값'으로 제시했습니다.

이후, 그레이엄은 가설로 여겨지던 그레이엄 수가 실제로 존재한다는 것을 증명했습니다. 그러나 구체적인 값은 여전히 알지 못합니다. 우주의 모든 소립자의 개수를 거듭제곱한 수조차 그레이엄 수보다 작다고 할 만큼 거대한 수이기 때문입니다. 그레이엄 수를 지수법으로 표시하기란 사실상 불가능하기 때문에 특별한 표기법을 사용해 표현합니다.

　사실 그레이엄 수보다 더 큰 수도 많습니다. 관심이 가는 사람은 인터넷에 검색해 보면 분명 재미있는 것들을 발견할 수 있을 겁니다. 모처럼 큰 수에 관해 마음껏 이야기를 했더니 어릴 적 느꼈던 두근거림이 되살아나는 것 같습니다.

🖼 아 는 만 큼 보 이 는 MATH POINT

□ 수학적 증명에 사용된 가장 큰 수는 그레이엄 수로, 기네스북에 등재되었다.

수학자들은 왜
'무한'을 부정했을까?
무한의 등장

무한 리필 식당이나 애니메이션 〈귀멸의 칼날: 무한열차 편〉
등에서 사용된 것처럼 '무한'이라는 말은 우리 일상에서도 자주
쓰입니다. 주로 '제한이나 한계가 없다'라는 뜻으로 쓰이는데, 수
학자들은 이 무한이라는 단어를 들으면 '큰 무한인가, 작은 무한
인가?'하고 궁금해 합니다. 사실 무한에는 여러 종류가 있기 때
문입니다.

종류를 설명하기 전, 먼저 무한이라는 개념에 끊임없이 도전
했던 인류의 역사를 살펴볼까요?

생각보다 짧은
무한의 역사

오늘날 학교에서는 학생들에게 무한을 '∞'라는 기호로 나타낸다고 알려 줍니다. 또, '무한급수'나 '미분적분'을 가르칠 때도 무한의 개념 없이는 절대 설명할 수 없습니다.

그러나 약 4,000년이나 되는 긴 수학의 역사에서 무한이 학술적으로 진지하게 다루어지고, 그 개념이 확립된 것은 불과 200년도 되지 않았습니다.

피타고라스나 고대 그리스 시대를 대표하는 철학자 플라톤(Platon)은 무한이라는 개념을 몹시 싫어했다고 합니다. 이 세상은 '유한한 것'이라고 생각했기 때문입니다. 이후에도 수학 분야에서는 무한의 개념을 받아들이기를 꺼렸습니다.

이는 수학의 세계에서 무한을 다루는 일이 얼마나 어려웠는지를 잘 보여 줍니다.

무한의 개념을 발견한
갈릴레이

무한이란 개념을 포착할 수 있었던 결정적 계기를 만든 사람은 이탈리아의 과학자 갈릴레오 갈릴레이(Galileo Galilei)였습니다. 어느 날 갈릴레이는 자연수(1, 2, 3 등 1로 시작하는 양의 정수)의 개수와 제곱수(자연수를 제곱한 수)의 개수가 '일대일로 대응한다' 라는 사실을 깨달았습니다.

자연수를 모은 집합 A와 제곱수를 모은 집합 B가 있다고 해 봅시다. 그러면 집합 A와 집합 B 중 어느 쪽이 원소가 더 많을까 요? 유한한 세계의 감각으로 보자면 집합 A라고 생각하기 쉽습 니다. 집합 A는 1, 2, 3, 4…와 같이 모든 자연수가 포함되지만, 집합 B는 1, 4, 9…로 2와 3 등이 빠져 있으므로 B가 A의 일부처 럼 느껴지는 것입니다.

그러나 놀랍게도 집합 A와 집합 B의 원소의 수는 서로 같습니 다. 왜냐하면 자연수를 모은 집합과 제곱수를 모은 집합의 원소 는 하나씩 짝지을 수 있는 일대일 대응을 하기 때문입니다.

오늘날에는 이를 '갈릴레오의 역설'이라고 부릅니다. 역설이란 언뜻 일리 있어 보이는 전제로부터 도저히 받아들일 수 없는 결 론이 도출되는 상황을 말합니다. 그러면 갈릴레이가 깨달은 역 설이란 무엇일까요?

사과 한 개와
사과 한 조각의 크기가 같다고?

"전체는 부분보다 크다". 고대 그리스의 철학자이자 수학자인 유클리드(Euclid)가 도출한 공리(다른 이론의 출발점이 될 수 있는 기초적 명제)입니다. '너무 당연한 이야기 아니야?'라고 생각하는 사람도 많을 것입니다. 사과 한 개를 잘랐을 때 사과 한 조각이 원래의 사과보다 크기가 큰 경우는 없으니까요.

여기서 갈릴레오의 역설을 떠올려 봅시다. 자연수를 전체로 했을 때 자연수를 제곱한 제곱수는 자연수의 일부분에 지나지 않습니다. 자연수의 개수와 제곱수의 개수가 일대일로 대응한다는 말은 '개수가 같다'라는 의미입니다. 즉, 전체와 부분의 개수가 같다는 뜻이며, 갈릴레이는 이를 '유클리드의 공리와 모순된다'고 생각했습니다.

갈릴레이는 자신의 유명한 저서 《새로운 두 과학》에서 이 주제를 다뤘습니다. 그리고 이 역설의 원인을 두고 "일부분밖에 없는데 개수가 같다고 하는 게 이상하지만, 그게 바로 유한과 무한의 차이다"라고 지적했습니다. 무한의 세계에서는 부분도 전체와 같은 크기가 될 수 있는 것입니다. 이것이 바로 인류가 처음 무한이라는 개념의 본질을 잡아낸 고찰이었다고 합니다.

🖥 아 는 만 큼 보 이 는 MATH POINT

☐ 무한의 개념이 확립된 건 불과 200여 년 전이다.
☐ 무한의 본질은 갈릴레오의 역설에 의해 처음으로 언급되었다.
☐ 자연수를 모은 집합과 그 제곱수를 모은 집합의 원소 개수는 서로 같으며, 이를 갈릴레오의 역설이라고 한다.

화학과 수학의
'농도'가 다른 이유
수학의 농도

독일의 가장 위대한 수학자로 꼽히는 요한 카를 프리드리히 가우스(Johann Carl Friedrich Gauß)조차 "수학적인 개념이 아니다"라며 무한의 존재를 부정했습니다. 또, 무한을 수처럼 다루면 여러 가지 불합리한 문제가 발생한다고 지적했습니다.

이처럼 뛰어난 수학자들조차 금기시했던 무한의 개념에 정면으로 도전장을 내민 수학자가 있었습니다. 바로 러시아 태생의 독일 수학자 게오르크 칸토어(Georg Cantor)입니다.

칸토어는 무한의 개념에서 핵심이 되는 일대일 대응을 깊이 고찰했습니다. 그리고 갈릴레이가 생각해 낸 자연수의 집합 A와 제곱수의 집합 B와 같이 자연수와 일대일 대응이 가능한 집

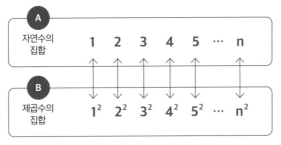

자연수와 제곱수가 '일대일 대응'한다

집합 A와 집합 B는 '농도가 같다'

자연수와 제곱수 중 어느 쪽이 원소가 더 많을까?

합은 '가산집합(셀 수 있는 집합)' 이나 '가부번집합(번호를 붙일 수 있는 집합)', 또 자연수와 일대일 대응이 불가능한 집합은 '비가산집합(셀 수 없는 집합)'임을 증명했습니다.

그리고 가산집합의 원소의 수가 자연수 집합의 원소의 수와 같은 경우를 가리켜 '농도가 같다'라고 표현했습니다. '자연수의 집합과 농도가 같다'라는 말은 자연수와 일대일 대응시킬 수 있으며 셀 수 있는 집합이라는 의미입니다.

참고로 수학에서 말하는 농도는 원소의 개수를 가리키며, 화학에서 사용하는 '식염수 농도' 등과 같은 농도와는 다른 용어라는 점을 알아 두세요.

또한, 칸토어는 자연수의 집합과 제곱수의 집합 농도가 서로 같다는 사실을 증명했습니다. 자연수 전체의 집합과 짝수 전체의 집합 등도 전체와 부분의 농도가 같음을 보여 주는 한 가지 예입니다.

아 는 만 큼 보 이 는 **MATH POINT**

☐ 칸토어는 자연수와 일대일 대응이 가능한 집합은 원소의 수를 셀 수 있는 집합, 가능하지 않은 집합은 셀 수 없는 집합임을 증명했다.

☐ 수학에서 말하는 농도는 화학과 다르며, 집합 안의 원소의 개수를 뜻한다.

보고도 믿을 수 없었던 농담 같은 숫자
무한의 발견

1874년에 칸토어는 실수의 집합이 가산집합보다 농도가 큰 '비가산집합'이라는 사실을 입증해 보였습니다. 실수란 유리수 (0, -2, $\frac{2}{3}$ 등 분자와 분모가 정수인 분수로 표현할 수 있는 수, 분모가 0인 경우는 제외)와 무리수($\sqrt{2}$와 같이 유리수가 아닌 수)를 합한 전체의 수를 말합니다.

또한, 칸토어는 1차원 직선에 포함되는 점의 수, 2차원 평면에 포함되는 점의 수, 3차원 공간에 포함되는 점의 수는 모두 농도가 같다는 사실을 발견했습니다.

직선은 평면의 일부일 뿐입니다. 따라서 직선 위에 있는 점의 수와 평면 위에 있는 점의 수를 비교하면 평면 위에 있는 점의

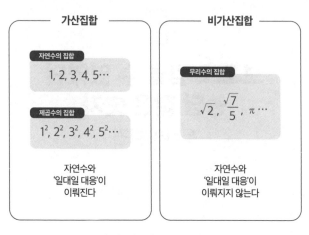

가산집합과 비가산집합

개수가 훨씬 더 많을 것이라고 생각하게 됩니다. 유한한 개수의 점을 직선 위에 배치하는 경우와 평면 위에 배치하는 경우를 비교해 보면 평면 위에 배치할 때 점의 수가 더 많아집니다.

그런데 무한한 개수의 점으로 이루어진 선이나 면에서는 이야기가 달라집니다. 놀랍게도 선에 포함되는 점과 면에 포함되는 모든 점은 각각 일대일 대응이 이뤄집니다.

나는 보았다
그러나 도저히 믿을 수 없다

이러한 사고를 발전시키면 공간에 포함되는 점도 직선이나 평

아는 만큼 보이는 세상 | 수학 편

면에 포함된 점과 농도가 같다는 사실을 알 수 있습니다. 이는 유클리드의 공리에 반하는 것처럼 보이지만, 수학적으로는 아무런 모순이 없습니다.

이러한 결론에 다다른 칸토어는 큰 충격을 받았고, 독일의 수학자 리하르트 데데킨트(Richard Dedekind)에게 곧장 편지를 보냈습니다.

"나는 보았다. 그러나 도저히 믿을 수 없다"

자신이 집요하게 탐구했던 무한의 본질을 증명하는 데는 성공했지만, 스스로도 어떻게 해석해야 할지 몰랐던 것입니다.

지금은 어떤 농도보다 큰 농도를 가진 무한집합을 얼마든지 만들어 낼 수 있다는 사실을 알고 있습니다. 즉, 무한집합은 무한히 존재하는 것입니다.

무한은 유한 세계의 척도로는 상상할 수 없을 만큼 끝없는 확장성을 지닌, 세계에 존재하는 수의 총칭입니다.

📺 아 는 만 큼 보 이 는 MATH POINT

☐ 자연수의 집합과 달리 실수의 집합은 비가산집합이다.
☐ 무한한 개수의 점으로 이루어진 선, 면, 공간에 포함된 모든 점은 서로 일대일 대응한다.

'−1'이 최근까지도 '가짜 수'라고 불린 이유
0과 음수

인류가 처음으로 발견한 수는 자연수입니다. 4,000여 년 전 고대 바빌로니아 시대에 처음 자연수의 개념이 등장했습니다. 기원전 3세기경 메소포타미아 문명에서 0을 빈자리를 나타내는 기호로 사용했다고 알려져 있습니다. 그러나 당시 0은 '수'로 인정되지 않았습니다.

예를 들어, '101'에서 0은 100의 자리와 1의 자리에는 수가 존재하지만, '10의 자리에는 아무것도 없음'을 나타내기 위한 기호에 불과했습니다.

0이 하나의 수로 받아들여지기 시작한 것은 6~7세기 무렵의 인도에서였습니다. "0을 발견한 것은 인도인이다"라고 말하는 것도 바로 그런 이유 때문입니다. 0이 수로 인정받게 되면서 0 또한 계산의 대상으로 다뤄지기 시작했습니다. 즉, '0+9=9', '13× 0=0'과 같은 계산을 하게 되었다는 뜻입니다.

데카르트가 인정하지 않았던 '음수'

한편, 음의 부호를 붙인 음수는 기원전 1~2세기 무렵 중국에서 쓰인 수학책《구장산술》에서 세계 최초로 등장합니다. 그러나 음수 역시 6~7세기 인도에서 본격적인 수로 다뤄지기 시작했습니다. 인도의 수학자 브라마굽타(Brahmagupta)는 천문학을 다룬 저서《브라마스푸타싯단타(Brāhmasphuṭasiddhānta)》에서 0과 음수를 이용한 계산 규칙들을 제시했습니다.

음수는 인도에서 확립된 이후 유럽에도 전해졌지만 좀처럼 받아들여지지 않았습니다. 오랜 세월이 흘러 16세기에 접어들었을 때, '방정식의 해(방정식을 참이 되게 하는 미지수의 값)'로써 음수가 다시 등장합니다. 그러나 당시 유럽의 수학자들은 음수를 인정하지 않았고, '불합리한 수'나 '가짜 수'라고 불렀습니다. 17세기에 활동한 프랑스의 유명 수학자 르네 데카르트(René Descartes)조차 방정식에서 얻은 음수의 해를 '가짜 해'라고 불렀습니다.

음수를 정당한 방정식의 해로 가장 먼저 받아들인 사람은 프랑스의 수학자 알베르 지라르(Albert Girard)였습니다. 지라르는 음수를 시각적으로 나타내는 방법을 생각해 냈습니다. 그 방법 이란 수직선 위에서 '양수는 전진, 음수는 후진을 한다'는 것을 눈에 보이는 형태로 나타낸 것이었습니다.

예를 들어, 0을 원점으로 +1을 오른쪽으로 향하는 길이 1의 화살표로, -1을 왼쪽으로 향하는 길이 1의 화살표로 나타냈습니다. 이러한 시각화 덕분에 음수는 유럽에서 널리 받아들여지게 되었습니다.

지금은 아무 의문 없이 사용하고 있는 음수가 불과 350년 전 까지만 해도 불합리한 수로 여겨졌다니, 정말 놀랍지 않나요?

🖼 아 는 만 큼 보 이 는 **MATH POINT**

☐ 0과 음수는 6~7세기 무렵 인도에서 수로 다뤄지기 시작했다.
☐ 음수가 '수'로 인정받은 역사는 불과 350여 년 정도 밖에 되지 않았다.

피타고라스가
부정한 숫자 '√2'
무리수

자, 여기서 잠깐 정리를 해 봅시다. 앞에서 1로 시작하는 양의 정수를 자연수라고 했습니다. 이 자연수에 음의 부호가 붙는 수는 음의 정수라고 합니다. 그리고 0이라는 수의 개념이 발견되었다는 이야기도 했지요. 이 양의 정수, 음의 정수, 0을 통틀어 정수라고 합니다.

정수끼리 덧셈이나 곱셈을 하면 답은 반드시 정수가 나옵니다. 하지만 정수끼리 나눗셈을 할 때는 답이 꼭 정수가 된다고 할 수 없습니다. 그래서 새로 만든 것이 분수입니다.

분모와 분자가 모두 정수인 분수로 나타낼 수 있는 수를 유리수라고 합니다. 정수도 분모를 1로 하는 분수라고 생각할 수 있으므로 유리수입니다. 단, 분모가 0이 되어서는 안 됩니다.

또한, 분수는 소수로 나타낼 수도 있습니다. 예를 들어, 4분의 1은 '0.25'라는 소수로 나타낼 수 있습니다. 또, 7분의 1을 소수로 나타내면 '0.142857142857…'이고, 소수점 아래에서 '142857'이 계속해서 반복되어 나타납니다. 이런 소수를 '순환소수'라고 합니다.

분모와 분자가 모두 정수인 분수는 소수점 아래의 숫자가 유한한 소수(유한소수)이거나, 소수점 아래의 일정한 숫자의 배열이 끝없이 반복되는 소수(순환소수)가 됩니다.

소수보다 먼저 태어난
분수

그러면 분수와 소수 중 어느 것이 먼저 생겨났을까요? 분수는 《린드 파피루스(Rhind Papyrus)》* 라는 기원전 17세기경의 수학책에도 등장하는 오래된 수입니다.

소수는 분수를 사용한 지 무려 3,000년이 지난 후에야 등장했습니다. 유럽에서 소수를 처음으로 사용한 사람은 벨기에의 수학자 시몬 스테빈(Simon Stevin)입니다. 또, 1617년 영국의 수학

• 고대 이집트의 수학 지식을 기록한 책

　　　　　　　　　　　아는 만큼 보이는 세상 | 수학 편

자 존 네이피어(John Napier)가 오늘날 사용하는 소수점을 사용한 표기법을 만들어 냈습니다.

모든 수는
분수로 나타낼 수 있다?

지금까지 살펴본 대로라면, 정수를 분수로 나타낼 수 있으므로 모든 수는 분수로 표현할 수 있으리라는 생각이 들 겁니다. 실제로 피타고라스도 그렇게 생각했습니다. 피타고라스는 자연수를 신성시하며 숭배했고, 모든 수는 자연수의 비(분수)로 나타낼 수 있다고 믿었습니다.

그런데 피타고라스의 생각과는 달리 분수로 나타낼 수 없는 수가 발견되고 말았습니다. 한 변의 길이가 1인 정사각형에서 대각선의 길이는 피타고라스 정리에 따라 $\sqrt{2}$가 됩니다. 이 $\sqrt{2}$는 분수로 나타낼 수 없는 수입니다. $\sqrt{2}$를 소수로 표현하면 1.41421356…으로 소수점 아래로 숫자가 끝없이 이어집니다. 게다가 소수점 아래로 계속되는 숫자는 규칙도 없고 반복되지도 않습니다.

이는 $\sqrt{2}$는 '분모와 분자가 정수인 분수'로 나타낼 수 없다는 것을 의미하며, $\sqrt{2}$는 유리수가 아니라는 뜻이 됩니다. 이런 수를 무리수라고 합니다. 원주율 역시 3.141592…로 소수점 아래의 숫자가 반복 없이, 끝없이 이어지는 무리수입니다. 서로 다른 두 유리수 사이에는 무수히 많은 무리수가 존재하고, 무리수가 유리수보다 훨씬 더 많습니다.

유리수와 무리수를 합친 수를 '실수'라고 부릅니다. 실수는 수직선을 빈틈없이 채울 수 있습니다.

🖼 아 는 만 큼 보 이 는 MATH POINT

☐ 소수의 역사는 분수의 역사보다 짧다.
☐ 서로 다른 유리수 사이에는 무수히 많은 무리수가 존재하고, 이 유리수와 무리수를 합친 것을 실수라고 부른다.

인류가 마지막으로
도달한 숫자
허수

인류는 앞서 말한 수직선 위에 '빠진 수'가 있다는 사실을 깨달았습니다. 모든 실수는 제곱하면 양수가 됩니다. 그런데 이 설명은 실수일 경우에만 성립합니다. 놀랍게도 제곱하면 음수가 되는 수가 있었던 것입니다. 우리는 이런 수를 학교 수업에서 '허수'라고 배웁니다.

그러면 왜 허수가 필요할까요? 허수를 도입하지 않으면 해를 얻을 수 없는 수학적 문제들이 있기 때문입니다. 그 문제가 어떤 것인지 간략히 소개해 보겠습니다.

상상의 수라고 불린
허수

16세기 이탈리아의 수학자 지롤라모 카르다노(Girolamo Cardano)는 자신의 저서 《아르스 마그나》에서 다음과 같은 문제를 제시했습니다.

두 수가 있다. 둘을 더하면 10이 되고, 곱하면 40이 된다.
두 수는 각각 얼마인가?

카르다노는 자신의 책에 이 문제의 해도 함께 실었습니다. $\sqrt{-15}$는 제곱하면 -15가 되는 수라는 뜻입니다. 제곱해서 음수가 된다는 말은 곧 허수라는 의미입니다. 실제로 $5+\sqrt{-15}+5-\sqrt{-15}=10$, $(5+\sqrt{-15})\times(5-\sqrt{-15})=40$ 이 되며, 카르다노가 제시한 문제의 해가 됨을 확인할 수 있습니다.

이처럼 카르다노는 실수의 범위에서는 해가 없는 문제라도 허수를 사용하면 해를 얻을 수 있음을 보였습니다. 이것이 수학에서 처음으로 허수가 등장한 순간입니다.

그러나 허수의 개념 역시 앞의 음수나 무리수처럼 쉽게 받아들여지지 못했습니다. 풀이에서 허수를 활용한 카르다노는 같은 책에 "이는 궤변이며, 실용적으로 사용할 방법이 없다"라고 덧붙이며 허수의 존재를 인정하지는 않았습니다. 허수의 개념을 처음 도입한 사람조차 이를 부정한 것입니다.

허수라는 기묘한 수를 좀처럼 받아들이지 못한 건 다른 수학자들도 마찬가지였습니다. 음수를 '가짜 해'라며 받아들이지 않았던 데카르트는 허수 또한 인정하지 않았습니다. 그리고 음수의 제곱근에 프랑스어로 '상상의 수(nombre imaginaire)'라는 이름을 붙였습니다. 이는 나중에 허수를 뜻하는 영어 'imaginary number'의 어원이 되었습니다.

이후 중국에서 이 단어를 '허수'라고 번역해 사용했고, 한국이나 일본에 그대로 수입된 것으로 추측됩니다.

제곱하면 '-1'이 되는 수

18세기에 접어들자, 스위스의 위대한 수학자 레온하르트 오일러(Leonhard Euler)는 끈질긴 탐구와 천재적인 계산 능력으로 허수가 가진 중요한 성질을 밝혀냅니다.

오일러는 '제곱하면 -1이 되는 수'를 '허수 단위'로 정하고, 그 기호를 imaginary의 머리글자를 따서 'i'라는 기호로 나타내기로 했습니다. 즉, $i^2 = -1$입니다.

하지만 다른 수학자들은 허수의 존재를 인정하지 않았습니다. 허수가 탄생하기 전에 나온 모든 수는 수직선 위에 나타낼 수 있었지만 허수는 그럴 수 없었기 때문입니다. 이것이 허수가 쉽사리 받아들여지지 못한 이유였습니다.

🖥️ 아 는 만 큼 보 이 는 MATH POINT

☐ 허수는 $\sqrt{-15}$ 와 같이 실수의 범위 안에 없는 수를 말한다.
☐ 허수는 카르다노에 의해 처음 언급되었고, 오일러가 허수의 성질을 밝혀냈다.
☐ 허수는 imaginary의 머리글자를 따서 i로 나타낸다.

숫자 세계의 끝에는
무엇이 있을까?
복소수

덴마크의 측량기사 카스파르 베셀(Caspar Wessel)은 수직선에 나타낼 수 없는 허수의 문제점을 보고 수직선의 밖, 다시 말해 원점에서 세로로 놓인 수직선 위에 허수를 표시하는 방법을 생각해 냈습니다.

같은 시기, 독일의 수학자 가우스도 이와 비슷한 생각을 떠올렸습니다. 가로로 놓인 수직선으로 실수를 나타내고, 이 가로 수직선에 직각인 세로 수직으로 허수를 나타내면 세로축과 가로축을 가진 평면이 완성됩니다.

가우스는 이러한 평면 위의 점으로 표시되는 수를 '복소수'라고 불렀습니다. 그리고 복소수를 표현할 수 있는 평면을 '복소평면'이라고 이름 붙였습니다. 이로써 허수는 실수와 마찬가지로 눈에 보이는 것이 되어 세상에 널리 받아들여지게 되었습니다. 이는 음수가 받아들여지게 된 과정과 비슷합니다.

복소수,
수의 마지막 종착역

인류는 이처럼 필요에 따라 자연수, 정수, 유리수, 무리수, 실수까지 차례대로 새로운 수를 만들어 내며 수 체계를 확장시켰고, 마침내 복소수에 도달했습니다.

1799년에 가우스가 증명한 '대수학의 기본 정리'에 따르면 모든 방정식은 복소수 범위에서 반드시 해를 가집니다. 다시 말해, 복소수 범위에서는 모든 문제들의 해가 반드시 존재한다는 뜻이며, 복소수보다 더 넓은 범위는 수는 필요하지 않다는 말이 됩니다. 복소수는 그야말로 수 체계 확장의 종착역이라고 할 수 있는 셈입니다.

📺 아 는 만 큼 보 이 는 MATH POINT

☐ 가우스는 세로축과 가로축을 이용해 허수를 눈에 보이는 것으로 증명했다.
☐ 가로축 실수, 세로축 허수로 구성된 그래프 위의 점을 복소수라고 부른다.

2

원리만
이해하면
술술 풀리는
이불 밖 세상

· 사고력 Level Up ·

게임을 켜기 전에는
수학책을 먼저 펼쳐 보자
확률론

일본 스모계에는 사상 최다 연승 기록을 세운 후타바야마 사다지(双葉山定次)라는 선수가 있습니다. 1939년에 치러진 한 경기에서 아쉽게 패하고 말았지만, 그가 세운 69연승이라는 기록은 아직까지도 깨지지 않고 있습니다.

69연승은 얼마나 대단한 기록일까요? 후타바야마가 기록한 통산 승률은 약 88.8%이므로, 승률 9할로 69연승을 할 확률을 계산해 봅시다.

0.9의 69제곱을 해보면 이 확률의 값을 구할 수 있습니다. 이를 실제로 계산해 보면 0.00069619이므로, 약 0.07%라는 결과를 얻을 수 있습니다. 9할이라는 높은 승률을 자랑하는 스모 선

수조차 69연승을 할 확률은 단 0.07%에 불과한 것입니다. 이를 보면 후타바야마의 연승 기록이 얼마나 대단한 것인지 알 수 있습니다.

이와 같이 1보다 작은 수는 여러 번 거듭제곱을 할수록 아주 빠르게 그 값이 작아집니다.

'확률론'은 도박에서 유래됐다

앞에서 한 운동 선수의 연승 기록이 얼마나 대단한 것인지를 알아보기 위해 확률을 활용했습니다. 이외에도 우리의 일상에서 확률을 이용하면 도움이 되는 경우가 많습니다. 먼저, 확률이란 무엇인지 자세히 알아봅시다.

수학에서 확률을 다루는 분야를 '확률론'이라고 부르며, 이는 미래에 일어날 수 있는 여러 가지 일의 가능성을 수학적으로 계산하고 예측하기 위한 이론입니다.

확률론의 역사는 도박과 떼려야 뗄 수 없는 관계에 있습니다. 도박이야말로 확률론의 부모라고 해도 과언이 아닙니다. 확률론을 탄생시킨 과학자 중 한 명이 바로 갈릴레이입니다. 당시 중세 이탈리아에서는 도박이 크게 유행했고, 도박사들은 종종 갈릴레이에게 찾아가 도박에 대해 묻곤 했다고 합니다.

프랑스의 법조인이자 수학자이며, '페르마의 마지막 정리'로 유명한 피에르 드 페르마(Pierre de Fermat) 또한 도박사들에게 도박과 관련한 문제를 의뢰받아 해결했으며, 이를 계기로 확률론의 기초를 닦은 것으로 알려져 있습니다.

'지금은 손해를 봐도 언젠가는 모두 만회할 수 있을 것'이라는 생각에 도박을 끊지 못 하는 사람이 많습니다. 하지만 확률론을 배우고 나면 도박이란(장기적으로 봤을 때) 운영자(딜러)는 언제나 이익을 보지만, 참가자는 항상 손해를 보는 구조라는 사실을 알게 됩니다.

이처럼 확률의 기초 지식을 익히면 직감이나 추측에 의존하지 않고 합리적인 판단을 하게 됩니다.

게임에서 당신의 뽑기가
매번 실패하는 이유

조금 더 친숙한 예를 들어 보겠습니다. 모바일 게임 중에는 뽑기를 통해 아이템을 얻는 형태가 많습니다. 이 뽑기에서 가장 좋은 아이템을 뽑을 확률은 고작 몇 %밖에 되지 않아서, '100번이나 뽑았는데 꽝이었다'라는 식의 글이 SNS상에 자주 올라옵니다.

예를 들어, 레어(희귀) 아이템을 얻는 확률이 1%라고 가정해 봅시다. 이때 100번을 뽑으면 한 번은 반드시 레어 아이템에 당첨되는 걸까요?

답은 '아니요'입니다. 한 번 뽑아 꽝일 확률은 0.99이므로, 100번을 뽑아 100번 모두 꽝을 뽑을 확률은 $(0.99)^{100}$이 됩니다. 이를 계산하면 $0.366\cdots$이므로, 100번을 뽑아도 레어 아이템에 당첨되지 않는 확률이 약 37%나 됩니다. 반대로 뽑기를 100번했을 때 적어도 한 번 당첨될 확률은 1-0.366=0.634로 약 63%입니다.

한 가지 더 알아 두어야 할 것이 있습니다. 뽑기 횟수를 아무리 늘려도 당첨될 확률은 결코 100%에 도달하지 못한다는 점입니다. 0.99는 무한히 제곱해도 0이 되지 않기 때문입니다. 참고로 지금과 같은 확률일 경우, 한 번 당첨될 확률이 99% 이상이 되려면 뽑기 횟수가 적어도 459번 이상은 되어야 한다는 계산이 나옵니다.

마찬가지로 당첨될 확률이 20%라면 다섯 번을 뽑는다고 해서 레어 아이템을 얻을 수 있는 것은 아닙니다. 이 경우도 계산해 볼까요? 다섯 번 연달아 꽝일 확률은 $0.8^5 ≒ 0.33$이므로 다섯 번 뽑았을 때 한 번은 레어 아이템에 당첨될 확률은 1-0.33=0.67로 약 67%가 됩니다.

레어 아이템이나 원하는 아이템을 손에 넣기 위해 100번이고 1,000번이고 뽑기를 반복하며 큰돈을 게임에 쏟아붓는 경우가

당첨 확률 1%인 뽑기에서 100번 모두 꽝일 확률

$$(0.99)^{100} = 0.366\cdots$$

꽝일 확률은 약 37%

당첨 확률 1% 뽑기에서 100번을 뽑아 1번 이상 당첨될 확률

$$1-(0.99)^{100} = 0.633\cdots$$

당첨 확률은 약 63%

100번 뽑으면 반드시 당첨된다?

있습니다. 그런 실수를 하지 않기 위해서라도 수학적인 사고력
을 무기로 삼아 냉정하게 판단하도록 합시다.

⏱ 아 는 만 큼 보 이 는 MATH POINT

☐ 1보다 작은 수는 여러 번 거듭제곱할수록 값이 작아진다.
☐ 확률이 1%인 뽑기를 100번 뽑았을 때, 모두 꽝이 나올 수도 있다.
☐ 확률을 수학적으로 계산하는 법을 알면 겉으로 보이는 숫자에 속지 않을 수 있다.

우리 집 뒷산에는
나무가 얼마나 있을까?
일대일 대응

"저 산에 있는 나무가 모두 몇 그루인지 세어 보라."

만일 누군가가 이런 명령을 내린다면 어떻게 해결하시겠습니까? 이는 도요토미 히데요시(豊臣秀吉)가 오다 노부나가(織田信長)의 수하였을 때 있었던 일로, '히데요시의 끈'이라고 불리는 일화입니다.

어느 날 노부나가는 졸병들에게 뒷산에 있는 나무의 개수를 세어 오도록 명령했습니다. 그들은 즉각 서로 역할을 분담해 나무의 개수를 셌지만 금세 혼란에 빠졌습니다. 누가 어느 나무를 세었는지 알 수 없었기 때문입니다.

끈	남은 끈	나무의 개수
10,000개	2,500개	7,500그루

'히데요시의 끈'이란?

이를 본 히데요시는 "여기 10,000개의 끈을 준비했다. 모든 나무에 이 끈을 하나씩 묶은 뒤에 돌아오라."라고 말했습니다. 남은 끈의 개수가 2,500개라면, 나무의 개수는 7,500그루임을 알 수 있습니다. 우리가 앞에서 무한의 등장에 관해 알아볼 때 언급했던 일대일 대응을 활용한 것입니다. 히데요시는 이 일로 노부나가는 물론 다른 동료들에게도 두터운 신임을 얻었다고 합니다.

주민등록번호에
일대일 대응이 사용된다?

일대일 대응은 다양한 상황에서 응용할 수 있습니다. 예를 들어, 행사장에 방문한 사람의 총 인원수를 알고 싶다면 입장하는 방문객 전원에게 나눠 준 전단지의 개수를 세어 보면 됩니다. 준비한 전단지 매수에서 남은 매수를 빼면 대략적인 방문객 수를 알 수 있기 때문입니다.

마이 넘버 제도* 역시 일대일 대응의 전형적인 예입니다. 이는 주민표를 가진 모든 개인에게 12자리 번호를 부여하는 것입니다. 개인과 마이 넘버는 일대일 대응을 하기 때문에 마이 넘버 번호로 개인을 특정할 수 있습니다.

또, 동남아시아의 한 국가에서는 선거 때 투표를 마친 사람들의 팔에 도장을 찍어 여러 번 투표하는 부정행위를 방지하고 있다고 합니다. 이것도 일대일 대응이라고 할 수 있습니다.

최근에는 '로지컬 씽킹(논리적 사고)'을 향한 관심이 높아지면서 'MECE(미씨)'라는 말도 자주 눈에 띕니다. 이는 로지컬 씽킹의 기본 개념 중 하나로, 'Mutually Exclusive and Collectively Exhaustive'의 머리글자를 딴 약어입니다.

직역하면 '서로 중복 없이 그리고 전체적으로 누락 없이'라는 뜻입니다. 쉽게 말해 '겹침 없이, 빠짐없이'라는 의미로 쓰입니다.

📺 아 는 만 큼 보 이 는 MATH POINT

☐ 일대일 대응은 중복 없이 수를 세어야 할 때 유용하게 쓸 수 있으며, 주민등록번호 역시 일대일 대응이 활용된 예이다.

• 일본에서 2016년부터 시행되고 있는 개인식별번호 제도로, 한국의 주민등록제도와 유사하다.

동네 뒷산에 사는 까마귀 수를
수학으로 알 수 있다?
표지재포획법

나무의 개수를 셀 때는 끈을 묶는 방법을 쓰면 됩니다. 그러나 자연에 서식하는 야생 생물의 수는 어떻게 세어야 할까요? 여러 가지 방법이 연구되고 있는데 대표적으로 '표지재포획법 (marking-and-recapture method)'이 있습니다. 이 방법은 간단히 설명하면 이렇습니다.

예를 들어, 50개체나 100개체를 포획해 모든 개체에 표지 (marking)를 단 후 풀어 줍니다. 어느 정도 기간을 두고 다시 개체를 포획해(recapture) 표지를 달고 있는 개체의 비율을 조사합니다. 그 지역에 서식하는 개체의 수가 많을수록 첫 번째 포획에서 표지를 단 개체의 비율이 낮을 것입니다. 그렇다면 두 번째

포획한 개체 중에 표지를 달고 있는 개체가 포함되어 있을 확률도 낮겠지요. 이를 이용해 그 지역의 야생 생물의 개체 수를 추정하는 방법이 표지재포획법입니다.

다만, 표지재포획법으로 조사할 때는 야생 생물의 행동 유형이나 이동 범위 등도 함께 고려해야 합니다. 예를 들어, 동네 뒷산에 살고 있는 까마귀의 수를 표지재포획법을 사용해 조사하더라도 지역 전체나 나라 전 지역에 사는 까마귀가 몇 마리일지까지는 추정할 수 없겠지요.

또한, 표지재포획법의 경우 일대일 대응처럼 정확한 수를 측정할 수는 없으며, 어디까지나 개체 수 등을 '추정'한다는 점에서 사용에 주의가 필요합니다.

자격증 시험에서
기출문제 수 세는 법

이를 실생활에 응용할 수도 있습니다. 예를 들어, 무작위로 문제가 나오는 퀴즈 게임을 떠올려 봅시다. 이때 표지재포획법을 이용하면 준비된 문제가 총 몇 문제인지를 추정할 수 있습니다.

먼저, 퀴즈 100문제를 풀고 그 내용을 기록해 둡니다. 그리고 다시 퀴즈 100문제를 풉니다. 여기서 기출문제가 10개라면 100문제 중 10문제가 겹친다는 말이 됩니다. 즉, 100문제 중 10

분의 1의 확률로 같은 문제를 만나게 되므로 준비된 문제는 약 1,000문제라는 것을 추정할 수 있습니다.

저 역시 퀴즈 대회에서 종종 이 방법을 이용해 준비된 퀴즈의 문제 수를 추정하곤 했습니다. 이처럼 언뜻 수를 세기가 어려워 보이는 경우라도 방법을 잘 궁리하면 셀 수 있습니다.

🖼 아 는 만 큼 보 이 는 M A T H P O I N T

☐ 자연에 사는 한 동물의 개체 수나 문제 은행제로 실시되는 시험의 총 문제 수 등 전체 개수를 추정해야 하는 경우에는 '표지재포획법'의 원리를 이용하면 된다.

미로에서 길을 잃지 않으려면
어떻게 해야 할까?
탐색 알고리즘

'IT 사회', 혹은 'ICT 사회'라는 말이 세상에 등장한 지도 벌써 십 년이 넘는 세월이 흘렀습니다. 이제 인터넷이 없는 생활은 상상할 수 없습니다. 아울러 우리 사회에서 수학의 중요도 또한 점점 높아지고 있습니다. 물리학이나 화학, 생물학 같은 자연과학은 물론이고, 정보과학에서도 수학이 필수적인 학문 분야로 자리 잡았기 때문입니다.

특히 인터넷 사용이 급증하면서 데이터 통신량 또한 상상을 초월하는 속도로 증가하고 있습니다. 쌓인 데이터의 양은 갈수록 방대해져서, 인터넷에서 원하는 데이터를 찾기가 점점 더 어려워지고 있습니다. 이에 따라 탐색 기능이 계속 향상되고 있으며, 사용자가 원하는 최적의 정보를 찾아 표시해 주는 기능 또한 더욱 고속화, 고정밀화되고 있습니다. 또, 대부분의 온라인 쇼핑 사이트에는 과거의 상품 조회 이력이나 구매 이력을 바탕으로 각 사용자의 취향에 맞는 상품을 알아서 예측해 제안하는 '추천 기능'을 탑재하고 있습니다.

이러한 인공지능(AI) 기능을 실현하기 위한 소프트웨어의 개발에서는 '알고리즘'이 중요한 역할을 합니다. 알고리즘이란 어떤 문제를 해결하기 위해 필요한 절차나 계산 방법을 말합니다.

컴퓨터의 발전과 더불어 지금까지 다양한 알고리즘이 개발되어 왔습니다. 새로운 알고리즘을 개발하는 주된 목적은 주로 컴퓨터의 처리 속도를 높이고, 새롭게 나타난 문제를 해결하기 위한 것입니다. 최근에는 방대한 양의 데이터 사이에서 빠르게 원하는 데이터를 찾아내는 '탐색 알고리즘'의 중요성이 점점 더 커지고 있습니다.

미로를 탈출할 때도 필요한 탐색 알고리즘

'오른손 법칙'이라는 말을 들어본 적이 있나요? 미로에서 길을 찾을 때 필요한 법칙으로, 오른쪽에 벽이 있다면 오른손으로 벽을 짚으며 앞으로 나아가고, 오른쪽에 벽이 없다면 오른쪽 길을 따라가는 두 가지 단순한 규칙을 따릅니다. 그리고 이는 가장 기본적인 탐색 알고리즘 중 하나입니다. 미로의 생김새에 따라 필요한 시간은 각각 다를 순 있어도 이 오른손 법칙을 사용하면 반드시 출구에 도달할 수 있습니다.

그러나 출구에 도달하기까지 100년이나 걸린다면 이 방법을 사용해야 할 의미가 없겠지요. 그래서 조금 더 짧은 시간 안에 문제를 푸는 탐색 알고리즘을 개발하는 것이 중요합니다.

🖥️ 아 는 만 큼 보 이 는 MATH POINT

☐ 인터넷상에서 갈수록 불어나는 데이터의 양 때문에 빠르게 정보를 찾아 주는 '탐색 알고리즘'의 중요도가 점점 높아지고 있다.

사전에서 추측만으로
원하는 단어를 찾는 법
이진 탐색

요즘 자주 쓰이는 탐색 알고리즘의 전형적인 예로 '이진 탐색(Binary Search)'을 들 수 있습니다. 종이 사전은 알파벳순이나 가나다순 등 철자 순서대로 단어가 나열되어 있고, 대개는 옆면에 철자별로 찾기 쉽도록 색인이 표기되어 있습니다. 만약 사전에 색인 표시가 없다면 어떤 방법을 써야 알고 싶은 단어를 효율적으로 찾을 수 있을까요?

예를 들어, '다람쥐'라는 단어의 의미를 찾는 경우를 생각해 봅시다. 우선, 사전의 한가운데를 펼칩니다. 그 페이지의 첫 번째 단어를 확인합니다. 가나다순을 고려했을 때, 그 단어가 만약 '비둘기'라면 '다람쥐'는 '비둘기'보다 앞에 있을 것입니다.

사전 앞부분에서 중간쯤 되는 지점을 다시 펼칩니다. 펼친 페이지의 첫 번째 단어가 '나비'라면 '다람쥐'는 해당 페이지보다 뒷부분에 있을 것입니다. 이를 반복하며 탐색 범위를 좁히면 결국 '다람쥐'가 수록되어 있는 페이지에 도달할 수 있습니다.

총 3,216페이지에 이르는 두꺼운 사전일지라도 이와 같은 방법을 최대 열두 번쯤 반복하면 찾고 싶은 단어가 수록된 페이지에 도달할 수 있습니다. 이것이 이진 탐색이라고 불리는 탐색 알고리즘입니다.

이 이진 탐색을 사용하기 위한 전제 조건은 가나다순이나 알파벳순으로 단어가 정렬되어 있어야 한다는 점입니다. 이런 성질을 단조성(單調性)이라고 합니다.

'빨리 감기'에도
수학의 원리가 숨어 있다?

이진 탐색 알고리즘은 인터넷상에서 탐색(검색)이 필요할 때 여러 가지 방법으로 응용되고 있습니다. 컴퓨터나 스마트폰을 이용해 페이스북(메타)에 로그인한다고 가정해 봅시다.

우선, 페이스북(메타)은 여러분의 계정을 확인하기 위해 대용량 데이터베이스 내에서 사용자 이름을 탐색할 것입니다. 사용자 이름이 'M'으로 시작된다면, 'A'부터 순서대로 찾기보다는 중

한 장 한 장 넘기며 찾는다	이진 탐색으로 찾는다
최대 3,216회	3,216→1,608→804→402→ 201→101→51→26→13→ 7→4→2→1 최대 12회

확률이 높아지는 '이진 탐색'

간 부분에서 탐색을 시작하는 것이 훨씬 합리적입니다. 이진 탐색을 활용하는 것입니다.

영화를 '다시보기'로 볼 때도 이진 탐색을 사용할 수 있습니다. 2시간짜리 영화에서 다시 보고 싶은 장면을 찾는다면 어떤 방법을 쓰는 것이 가장 좋을까요? 먼저, 러닝타임에서 절반의 시간이 흐른 1시간 뒤의 시점으로 갑니다. 그리고 찾는 장면이 그보다 앞이면 30분, 뒤면 1시간 30분 시점으로 넘어갑니다.

이를 반복하면 영화를 처음부터 다시 보지 않더라도 원하는 장면을 빠르게 찾을 수 있습니다. 한 편의 영화에서 각 장면이 순서대로 나열되는 점을 단조성으로 파악해 응용한 것입니다.

알고리즘은 직면한 문제를 최대한 효율적이고 빠르게 해결하기 위해 만들어졌습니다. 알고리즘 사고법을 익힌다면 일상에서 만나는 다양한 문제를 해결하는 데 큰 도움이 될 것입니다.

🖥️ 아 는 만 큼 보 이 는 MATH POINT

☐ 영화 장면의 순서나 사전의 차례처럼 단순하고 변화가 없는 성질을 단조성이라고 한다.

☐ 데이터가 단조성의 성질을 지니고 있다면, 이진 탐색을 활용해 빠르게 검색의 범위를 줄일 수 있다.

내 하루를
48시간으로 만드는 기적
플로차트

일상에서 활용할 수 있는 알고리즘 사고법에는 또 어떤 것들이 있을까요?

물건을 제조하는 공장을 예로 들어 보겠습니다. 공장에서 제품을 생산할 때 단순히 하나의 라인에서 모든 과정을 처리할까요? 아닙니다. 기능이 비슷한 작은 부품들을 덩어리로 묶어 여러 라인에서 동시에 조립한 다음, 이를 하나로 합치는 복잡한 프로세스를 거치는 경우가 많습니다. 그래서 제조 공장의 생산 라인에서는 제품을 조립할 때 반드시 순서를 정해 놓습니다.

이때 '플로차트(flowchart)'라고 부르는 흐름도를 그려 제조 라인을 설계합니다. 그중에서도 특히 중요한 제조 라인, 즉 전체 작업에 큰 영향을 미치는 작업들의 경로를 '크리티컬 패스(critical path)'라고 합니다. 그리고 '크리티컬 패스 분석법(critical path method)'이라는 알고리즘을 이용해 전체 작업을 완료하기 위해 필요한 시간이나 작업 순서를 계산합니다. 최적의 제조 공정을 설계하는 것입니다. 이 기법은 공장의 제조 라인뿐만 아니라 수험 계획표, 요리의 순서 등 일상에서도 응용할 수 있습니다.

남들보다 먼저 차리고
빨리 먹는 저녁밥

저녁으로 밥과 고기채소볶음을 만든다고 생각해 봅시다. 그 공정을 플로차트화한 것이 85쪽의 그림입니다. 이 그림을 보면 어떤 순서로 작업을 해야 가장 효율이 높아지는지 한눈에 알 수 있습니다.

먼저, 쌀을 씻어 밥솥에 넣고 취사 버튼을 누릅니다. 그리고 밥이 되는 40분 동안 고기야채볶음을 만듭니다. 고기를 해동하는 10분 동안 채소를 자르고 해동된 고기를 잘라 밑간을 한 다음, 고기와 채소를 함께 볶습니다. 볶음을 다 만들고 나면 잠시 뒤에 밥이 완성됩니다. 뜸을 다 들인 밥과 볶음을 그릇에 담습니다.

밥을 다 짓고 난 뒤에 고기채소볶음을 만들면 총 73분이 걸리

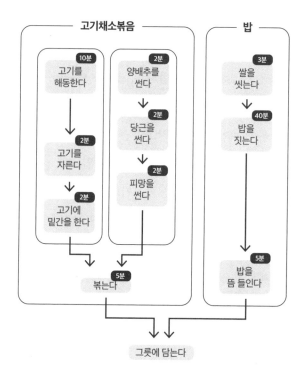

'플로차트'로 효율을 높인다

지만, 이런 방식을 쓰면 48분 만에 밥과 반찬이 완성됩니다. 대기 시간이 생기는 작업을 먼저 시작하고, 이 작업이 완료되기를 기다리면서 다른 작업을 하는 것이 효율적입니다. 이렇듯 플로차트는 작업 순서를 한눈에 파악할 수 있도록 도와주므로, 실생활에서도 다양하게 활용할 수 있습니다.

수학 인재들의
세상이 온다

이진 탐색, 플로차트 같은 탐색 알고리즘 연구의 중요성은 날이 갈수록 높아지고 있습니다. 인터넷상에 누적되는 정보량이 계속 증가하기 때문입니다. 알고리즘의 연구 개발을 담당하는 이들은 주로 수학이나 정보과학 전공자들입니다. 그래서 구글과 아마존 등 거대 IT 기업과 중고거래 사이트, 구인구직 사이트 같은 매칭 사이트 기업에서 이 학과 출신 인재를 선호하는 분위기가 강해지고 있습니다. 사용자의 요구에 부합하는 정보를 누구보다 빠르고 정확하게 찾아야 하기 때문입니다.

최근 수학계에서는 "지난 10년간 수학계는 어떠한 위대한 성과도 거두지 못했다. 광고 클릭을 유도하는 시시한 목적을 위해 수많은 우수 자원을 쏟아 부었기 때문이다"라는 지적이 심심찮게 나오고 있습니다.

숱한 기업이 '어떻게 사용자가 상품을 클릭하게 만들 것인가'에만 매달려 온 것도 사실입니다. 수학을 연구하는 한 사람으로서 앞으로는 수학이 더 많은 사람이 행복한 세상을 만드는 데 큰 역할을 할 것이라 믿습니다.

📷 아 는 만 큼 보 이 는 MATH POINT

☐ 플로차트를 이용하면 일의 우선순위가 정리되고, 일상의 효율을 높일 수 있다.

'이것'만 알면
새 스마트폰을 가질 수 있다?
벤 다이어그램

한 학생이 자신의 부모님에게 무언가를 조르고 있습니다.

"새 스마트폰 사 줘!"
"왜 바꾸고 싶은데?"

이런 상황에서 부모는 아이에게 이유를 물어볼 것입니다. 이때 학생이 다음과 같이 대답한다면 과연 부모님을 설득할 수 있을까요?

"동영상 보거나 SNS를 하고 싶어서…."

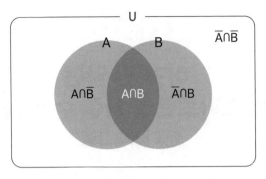

'벤 다이어그램'이란?

이때 아마 부모님의 대답은 "안 된다"일 것입니다.

이런 상황에서는 벤 다이어그램이 도움이 됩니다. 벤 다이어 그램이란 88쪽의 그림과 같이 집합 간의 관계를 시각적으로 표현한 것입니다.

그림의 A와 B는 하나 이상의 원소로 이루어진 집합을 나타냅니다. 여기서 ∩은 '그리고(and)'를 의미하는 '교집합'을 나타내는 기호입니다. 그림에는 없지만 ∪는 '또는(or)'을 뜻하는 '합집합'을 나타내는 기호입니다. 알파벳 대문자 U는 '관심의 대상이 되는 모든 원소의 집합'을 뜻하는 '전체집합'을 나타냅니다. A나 B 위에 붙은 가로 막대는 '부정(not)'을 의미합니다. 즉, $\overline{A}$는 '전체집합 U에서 A를 제외한 집합'으로 A의 '여집합'입니다. 참고로 여집합을 나타내는 기호는 $\overline{A}$, A', A^c 등 다양한데, 여기서는 $\overline{A}$를 사용하겠습니다.

　　　　　　　　　　　　아는 만큼 보이는 세상 | 수학 편

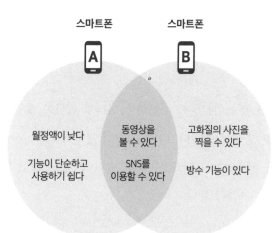

스마트폰 A   스마트폰 B

월정액이 낮다

기능이 단순하고
사용하기 쉽다

동영상을
볼 수 있다

SNS를
이용할 수 있다

고화질의 사진을
찍을 수 있다

방수 기능이 있다

벤 다이어그램을 그려 생각해 본다

스마트폰 이야기로 다시 돌아가봅시다. 우선, 벤 다이어그램을 그립니다. 집합 A를 스마트폰의 특징, 집합 B는 갖고 싶은 스마트폰의 특징으로 두고 각 집합에 포함되는 원소를 적습니다(89쪽 그림). A와 B의 교집합에는 두 스마트폰의 공통되는 특징이 들어갑니다. 그렇다면 나머지 부분은 각 스마트폰이 지닌 고유한 특징이 됩니다.

벤 다이어그램을 보면 앞서 말한 '동영상을 볼 수 있다', 'SNS를 이용할 수 있다'는 두 스마트폰의 교집합으로, 스마트폰을 바꾸고 싶은 이유로 둘의 공통되는 특징을 든 셈입니다. 그래서 부모님을 설득할 수 없었던 것입니다. '고화질의 사진을 찍을 수 있다', '방수 기능이 있다'처럼 갖고 싶은 스마트폰에만 있는 특징을 이유로 든다면 부모님을 설득할 수 있을 가능성이 더욱 커집니다.

비교해야 할 스마트폰이 이보다 많더라도 집합의 개수는 얼마든지 더 늘릴 수 있습니다. 다만, 집합의 개수가 4개 이상이라면 원 도형을 이용하는 것만으로는 나타낼 수 없고, 모양도 꽤 복잡해지므로 주의해야 합니다.

벤 다이어그램 퀴즈에 도전!

집합의 개수가 3개인 경우에는 벤 다이어그램을 어떻게 그리면 좋을까요?

점심 메뉴를 결정하는 일을 맡았다고 가정해 봅시다. 사람들에게 복수 응답이 가능한 설문 조사를 실행했고, 그 결과 카레를 선택한 사람, 갈비를 선택한 사람, 된장국을 고른 사람이 17명으로 모두 같았습니다. 또, 카레와 갈비만 선택한 사람이 2명, 카레와 된장국만 선택한 사람이 3명, 된장국과 갈비만 선택한 사람이 1명, 3개 모두를 선택한 사람은 2명이었습니다. 이때 갈비만 선택한 사람은 몇 명일까요?

카레, 갈비, 된장국 3개의 집합을 벤 다이어그램을 그려 정리

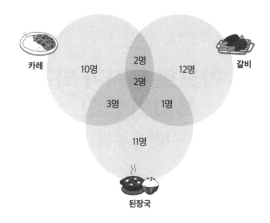

갈비만 선택한 사람은 몇 명일까?

해 보세요. 91쪽의 그림과 같이 정리되었나요? 이 벤 다이어그램을 보면 답을 알 수 있습니다. 그렇습니다. 갈비만 선택한 사람은 12명입니다.

문장만 읽어서는 머릿속에 잘 들어오지 않는 내용도 벤 다이어그램을 이용해 정리하면 이해하기 쉽습니다.

아 는 만 큼 보 이 는 **MATH POINT**

☐ 벤 다이어그램을 이용하면 비교해야 할 대상의 특징을 한눈에 정리할 수 있다.
☐ 벤 다이어그램에서 알파벳 대문자 U는 '관심의 대상이 되는 모든 원소의 집합'을 뜻하는 '전체집합'을 의미한다. 또한, ∩은 교집합(and), ∪는 합집합(or), 알파벳 위의 가로 막대는 여집합(not)을 나타낸다.

수학으로 부자가 되는 복리의 법칙

단리와 복리

은행에 돈을 예금을 하면 이자가 붙습니다. 이때 예금에 붙는 이자의 비율을 금리라고 합니다. 금리에는 '단리법'과 '복리법', 두 종류가 있습니다.

단리법은 처음에 맡긴 원금에만 이자가 붙는 방식으로, 매년 같은 액수의 이자가 붙습니다. 반면, 복리법은 원금과 이자를 합한 금액에 다시 이자가 붙는 방식입니다. 즉, 한번 붙은 이자 또한 원금으로 여기고, 그 이자에도 이자를 붙이는 것입니다.

간단한 예를 들어 볼까요? 연이율(1년마다의 이자)이 5%인 예금에 원금 100만 원을 맡겼을 때, 30년 후 단리와 복리의 차이는 얼마나 될까요?

아는 만큼 보이는 세상 | 수학 편

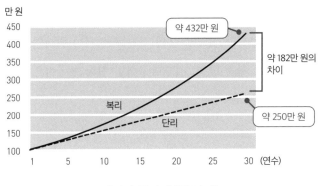

100만 원을 연이율 5%로 운용할 경우의 단리와 복리

만 원

- 약 432만 원
- 약 182만 원의 차이
- 복리
- 단리
- 약 250만 원

단리와 복리의 '큰 차이'

단리의 경우 100×(1+0.05×30)=250이므로, 원금과 이자를 합한 원리금은 250만 원이 됩니다. 복리는 100×(1+0.05)^{30}≒432이므로, 원리금은 약 432만 원이 됩니다. 복리로 이자를 받으면 단리보다 이자 182만 원을 더 받게 되는 것입니다.

예금액을 y축, 예금 기간을 x축에 놓으면 단리는 $y=ax\,(a>1)$라는 수식으로 나타나는 일차함수인 반면, 복리는 $y=a^x\,(a>1)$로 나타나는 지수함수임을 알 수 있습니다. 일차함수를 그래프로 나타내면 직선으로 그려지고, 지수함수를 그래프로 나타내면 처음에는 완만한 곡선을 그리면서 상승하다가 오른쪽으로 갈수록 급격히 상승합니다.

즉, 복리는 기간이 길어질수록 금액이 급격히 불어나고 단리와의 차이가 점점 더 커집니다. 지수함수는 x의 값이 커질수록

y의 값이 매우 급격하게 증가하는 함수입니다. 우리가 흔히 '기하급수적'으로 증가한다고 말할 때는 '지수함수적'으로 증가하는 것을 의미합니다. 일차함수와 같은 직선적인 변화는 직관적으로 이해하기 쉬운 반면, 지수함수적인 변화는 곧바로 이해하기가 어렵습니다.

예금 이자는
자주 받을수록 좋다

1년에 한 번, 복리 100%의 금리를 적용하는 경우와 1년에 열 번, 복리 10%의 금리를 적용하는 경우를 생각해 봅시다. 1년 뒤에 원리금은 얼마나 큰 차이를 보이게 될까요? 원리금의 경우 전자는 원금의 2배가 되고, 후자는 1.1의 10제곱이므로 원금의 약 2.594배가 됩니다. 또, 복리 1%의 금리를 1년에 100번 적용한다면 1.01의 100제곱, 즉 원금의 약 2.705배로 불어납니다. 이처럼 이자가 붙는 횟수가 많아질수록, 다시 말해 이자를 받는 간격이 짧을수록 이자는 더 많이 불어납니다.

그러나 이것도 한계가 있습니다. 이자를 받는 간격이 짧아질수록 어떤 값에 가까워지는데, 그 극한값(limit value)이 '네이피어의 수(Number of Napiers)'라고 불리는 'e'입니다. e는 숫자로 바꾸면 2.71828…인 무리수로, 흔히 '오일러 수', '자연상수'라고도 부릅니다. 다시 말해, 이자를 받는 간격이 아무리 짧아진다 하더라도 최대로 많이 받을 수 있는 원리금은 원금의 약 2.718배라는 뜻입니다.

여기서 우리가 기억해야 할 점은 무엇일까요? 금리를 복리로 적용할 때 예금은 이자를 받는 간격이 짧을수록 이득을 보고, 반대로 대출은 손해를 본다는 사실입니다.

장기 투자 신화가 나온 이유

최근에는 은행의 금리가 매우 낮기 때문에 앞의 예와 같은 상황은 실제로 찾기 어렵습니다. 그래도 투자를 할 때 이러한 사실을 알고 있으면 효율적으로 자산을 늘릴 수 있습니다.

100만 원을 주식에 투자해서 1년 동안 5%의 수익, 즉 5만 원의 수익이 났다고 생각해 봅시다. 이 5만 원을 '바로 꺼내 쓰는지', 반대로 '참고 재투자하는지'에 따라 결과는 크게 달라집니다. 수익이 난 5만 원을 꺼내고 100만 원만 남겨 두는 방식으로 운용하면 다음 해든, 그다음 해든 자산은 '단리'로만 늘어납니다.

그러나 수익이 난 만큼 재투자해 다음 해에는 105만 원을 운용하고, 그다음 해에도 수익금을 재투자하는 방식을 쓰면 자산은 '복리'로 늘어납니다.

30년간 이런 식으로 운용하면 단리일 때보다 182만 원이나 더 자산이 늘어납니다. 즉, 투자를 할 때는 수익금을 인출하지 않고 재투자해야 복리 효과를 통해 더 많은 자산을 불릴 수 있습니다.

내 돈이 두 배가 되려면
몇 년이 걸릴까?

복리와 단리의 차이를 한 번에 확인할 수 있는 방법으로 '72의 법칙'이 있습니다. 72의 법칙이란 복리를 적용할 때 원금이 2배가 되기까지 걸리는 시간을 계산하는 법칙으로, 식으로 나타내면 '72÷연이율=원금이 2배가 되는 기간'이 됩니다.

연이율이 2%인 경우 원금이 두 배로 늘어나려면 몇 년이 걸릴지 계산해 봅시다. 단리의 경우 50년이 걸리지만, 복리의 경우 72를 2로 나누면 약 36년이 됩니다. 실제로 계산해 보면 $(1+0.02)^{36} ≒ 2.04$로 약 2배가 되었음을 알 수 있습니다.

연이율이 1%라면 72를 1로 나누어 약 72년, 연이율이 3%라면 72를 3으로 나누어 약 24년, 연이율이 4%라면 72를 4로 나누어 약 18년 등 원금이 2배가 되는 시간을 대략 예상할 수 있습니다.

이 법칙을 알아 두면 미래에 자신의 예금이 어느 정도의 속도로 늘어날지 쉽게 예측할 수 있습니다. 예를 들어, 노후를 위해

2억 원을 저축한다는 목표를 세웠고, 앞으로 36년이 남았다고 생각해 봅시다. 앞의 예시대로라면, 지금부터 1억 원을 연이율 2%의 복리로 운용했을 때 36년 후에는 2억 원이 된다는 것을 알 수 있습니다.

천재 물리학자 알베르트 아인슈타인(Albert Einstein)이 "복리는 인류 최고의 발명"이라며 복리의 힘을 인정한 이유입니다.

🖥️ 아 는 만 큼 보 이 는 M A T H P O I N T

☐ 단리는 원금×(1+이율×운용기간)으로, 복리는 원금×(1+이율)^{운용기간}으로 계산할 수 있다.
☐ 돈을 불리려면 단리보다는 복리 예금이, 단기투자보다는 장기투자가 더 유리하다.
☐ 복리 예금일 경우, 이자는 짧은 간격으로 자주 받는 것이 좋다.

오늘 외운 영어 단어 하나가
백 개로 돌아온다?
노력과 복리

복리의 법칙은 공부에도 적용해 볼 수 있습니다. 예를 들어, 1년 후에 치를 시험을 위해 '매일 영어 단어를 외우겠다'라는 목표를 세웠다고 가정해 봅시다.

첫날에는 가볍게 한 개의 영어 단어만을 외웠습니다. 만약 외운 영어 단어의 개수가 전날보다 매일 1%씩 늘어난다면, 1년 후 외운 영어 단어의 개수는 첫날의 몇 배가 될까요?

하루 뒤는 1×1.01, 이틀 뒤는 1×1.01×1.01, 사흘 뒤는 1×1.01×1.01×1.01이 되겠지요? 따라서 1년은 365일이므로 1에 1.01을 365번 곱한 값이 된다는 것을 알 수 있습니다.

실제로 계산해 보면, 37.7834…가 됩니다. 즉, 1년 뒤 여러분이 외운 영어 단어의 개수는 약 38배가 됨을 알 수 있습니다.

반대로 노력을 게을리해서 외운 영어 단어의 개수가 매일 1% 씩 줄어든다고 가정해 봅시다. 1년 후에는 1에 (1-0.01), 즉 0.99 를 365번 곱한 값이 되고, 계산하면 0.0255…이므로 약 0.025배 가 됩니다.

만약 처음에 외우고 있던 영어 단어의 개수가 100개라고 할 때 다음날 외운 단어가 1%씩 늘어나면 1년 후에는 약 3,780개의 영어 단어를 전보다 더 알게 됩니다. 그러나 게으름을 피워 1% 씩 줄어들면 1년 후에는 약 25개로 줄어들 것입니다.

이 차이는 굉장히 큽니다. 꾸준히 노력하면 결국 큰 힘을 얻습 니다. 전날보다 1% 더 많이 노력하며 살기란 쉽지 않습니다. 그 래도 '겨우 1%'라고 생각하지 않고, 지금의 꾸준한 노력이 언젠 가는 큰 열매로 돌아올 것이라고 믿는 것이 중요합니다.

아 는 만 큼 보 이 는 MATH POINT

☐ 꾸준한 노력은 결국 복리로 보답받게 된다.

참이냐, 거짓이냐, 기준이 문제다
대우법

수학을 왜 공부해야 할까요? 수학을 배우면 좋은 이유에는 여러 가지가 있습니다. 그중에서 하나를 꼽자면 '논리적 사고력을 기를 수 있다'는 것입니다. 대표적인 예가 '대우법'입니다. 대우법을 익혀 두면 논리적으로 생각하고 매사를 바르게 인식할 수 있습니다.

대우법이란 무엇일까?

101쪽의 그림과 같이 'A이면 B이다'라는 명제가 있다고 해 봅

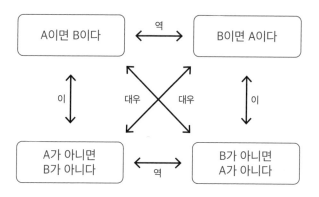

| A이면 B이다 | ←역→ | B이면 A이다 |

'역·이·대우'의 관계

시다. 이때 'B이면 A이다'는 원래 명제의 '역(converse)' 명제, 'A가 아니면 B가 아니다'는 원래 명제의 '이(inverse)' 명제 그리고 'B가 아니면 A가 아니다'는 원래 명제의 '대우(contrapositive)' 명제라고 합니다.

원래 명제와 그 대우 사이에는 '원래 명제가 참이면 대우도 참이다'라는 관계가 성립합니다. 대우법은 이를 이용해 올바른 결론을 도출하는 사고법입니다.

좀 더 알기 쉬운 예를 들어 보겠습니다. '인간은 죽는다'라는 참인 명제가 있습니다. '인간이다'를 A, '죽는다'를 B라고 하면, 원래 명제의 역 명제는 '죽는다면 인간이다'가 됩니다.

또, 원래 명제의 이 명제는 '인간이 아니면 죽지 않는다'가 됩니다. 역 명제도 이 명제도 모두 참이 아닙니다. 반면, 대우 명제는 '죽지 않으면 인간이 아니다'가 되며, 이것은 확실히 참입니다. 이처럼 원래 명제가 참이라면 그 대우 명제는 참이지만, 역명제와 이 명제가 반드시 참인 것은 아닙니다.

아 는 만 큼 보 이 는 **MATH POINT**

☐ 대우법은 거짓과 진실을 수학적으로 가려내는 사고법이다.
☐ 원래 명제가 참이라면 대우 명제 또한 참이다. 그러나 역 명제와 이 명제는 참이 아닐 수도 있다.

이상형, 미리 포기할
필요는 없다
대우법 활용

앞에서 배운 대우법을 이용해 퀴즈를 하나 풀어 볼까요? 한 카페의 테이블에 네 명이 빙 둘러앉아 있습니다. 네 명은 각각 '맥주를 마시는 사람', '주스를 마시는 사람', '28세인 사람', '17세인 사람'이며, 이 카페에 '알코올 음료는 20세 이상부터 마실 수 있다'라는 규칙이 있다고 생각해 봅시다. 이 규칙이 지켜지고 있는지 알아보려면 어떤 사람을 확인해 보면 될까요? 여러 명을 확인해도 상관은 없습니다.

자, 답이 떠올랐나요? 정답은 '맥주를 마시는 사람과 17세인 사람, 두 명을 확인하면 된다'입니다. 여러분은 어떤 답을 했나요? 함께 문제를 풀어 봅시다.

Q

맥주를 마시는 A씨, 주스를 마시는 B씨,
28세인 C씨, 17세인 D씨 4명이 있다.
'알코올 음료를 마신다면 20세 이상이다'라는 규칙이
지켜지고 있는지 알아보려면 어떤 사람을 확인하면 될까?

A씨   B씨   C씨   D씨

A

명제 '알코올 음료를 마신다면 20세 이상이다'를 확인하기 위해 A씨
대우 '20세 미만이라면 알코올 음료를 마시지 않는다'를 확인하기 위해 D씨

이상 2명을 확인하면 된다

대우법으로 푸는 논리 문제

'알코올 음료를 마신다면'을 A, '20세 이상이다'를 B라고 할 때
'A이면 B이다'의 대우는 'B가 아니면 A가 아니다'입니다. 먼저,
명제가 참인지 확인하기 위해 '맥주를 마시는 사람은 20세 이상
이다'라는 사실을 확인합니다. 다음으로, 대우 명제가 참인지 확

인하기 위해 '17세인 사람은 알코올 음료를 마시지 않는다'라는 사실을 확인합니다. 이로써 규칙이 잘 지켜지고 있는지 판단할 수 있습니다.

28세인 사람을 확인하는 것은 원래 명제의 역 명제를 확인하는 것이며, 곧 '20세 이상이면 알코올 음료를 마신다'가 됩니다. 그러나 앞에서도 말했듯이 원래 명제가 참이라고 해서 그 명제의 역 명제가 반드시 참이라고는 할 수 없습니다. 20세 이상이라고 해서 반드시 알코올 음료를 마신다고는 할 수 없으니 28세인 사람은 확인할 필요가 없습니다. 또, 주스를 마시는 사람에 대한 확인은 원래 명제의 이 명제를 확인하는 것이며, 곧 '알코올 음료를 마시지 않는다면 20세 이상이 아니다'가 됩니다.

그러나 원래 명제의 이 명제 또한 반드시 참이라고는 할 수 없습니다. 주스를 마시는 사람이라도 20세 이상일 가능성이 있기 때문입니다. 그러니 주스를 마시는 사람과 28세인 사람은 확인할 필요는 없습니다.

섣부른 추측은 진실을 놓치게 만든다

사람들은 어떤 문제나 상황을 이해하기 어려울 때 직관에 의지하는 경우가 많습니다. 그러나 직관은 대부분 상황에서 잘못

된 판단을 낳곤 합니다. 카페에 머물다 보면 "그 사람은 잘생겼으니까 틀림없이 여자 친구가 있을 거야"와 같은 말이 우연히 들리곤 합니다. 이 추측은 사실일까요?

이 말을 명제로 두면 대우 명제는 "여자 친구가 없으니까 그 사람은 잘생기지 않았을 거야"가 됩니다. 이상하지 않나요? 여자 친구가 없더라도 잘생긴 사람은 얼마든지 있으므로 이 명제의 대우 명제는 거짓입니다. 즉, 원래 명제도 거짓이 됩니다.

그러나 "그 사람은 잘생겼으니까 틀림없이 여자 친구가 있을 거야"라는 이야기가 나오면 저도 모르게 "그렇지." 하며 맞장구를 치게 되지 않나요?

일상에서도 이러한 경우를 자주 보고 들을 수 있습니다. SNS를 보고 있으면 '이건 뭔가 이상한데'라는 생각이 드는 논란을 종종 접하게 됩니다. 그럴 때는 논란이 된 말을 그대로 받아들이지 말고 대우법을 사용해 생각해 보는 습관을 들여 보세요.

🔲 아 는 만 큼 보 이 는 MATH POINT

☐ 누군가의 주장이 사실인지 아닌지 명확하게 알고 싶을 때는 대우법으로 생각해 보면 된다.

마트의 '사이즈 업'이
사기처럼 느껴지는 이유
닮음비

편의점이나 대형 슈퍼마켓의 식품 코너에서 종종 '10% 증량' 표시가 붙은 상품을 본 적이 있을 겁니다. 언뜻 보면 양을 늘리기 전과 별반 차이가 없다는 생각이 들지 않나요? 왜 그렇게 느끼는지 함께 이유를 찾아봅시다.

수학에서 '닮음'이란
무슨 의미일까?

교과서에서 배웠던 '닮음'을 기억하시나요? 닮음이란 도형에서 모양을 바꾸지 않고 일정한 비율로 크기를 확대 또는 축소한 것을 의미합니다.

도형의 한 변의 길이를 두 배로 늘인다면, 다시 말해 길이의 '닮음비'를 1:2로 둔다면 면적은 $1^2:2^2$=1:4가 됩니다. 만약 입체 도형이라면 부피의 비는 $1^3:2^3$=1:8이 됩니다. 즉, 한 변의 길이를 2배로 늘이면 부피는 무려 8배가 늘어난다는 뜻이 됩니다.

'10% 증량'을 체감할 수 없는 이유

마트에서 '10% 증량' 표시를 봤을 때 의심쩍은 마음이 먼저 드는 이유가 바로 여기에 있습니다. 한 변의 길이가 10cm인 정육면체 모양의 두부를 10% 만큼 증량한다면 크기가 얼마나 달라지는지 살펴봅시다.

두부의 부피는 10의 3제곱인 1,000cm^{3}이므로, 10%를 증량하면 1,100cm^{3}가 됩니다. 부피가 1,100cm^{3}인 정육면체 두부 한 변의 길이를 구하려면 x^3=1,100을 풀면 되므로, x는 약 10.3이 됩니다. 전보다 10%를 증량했을 때 두부의 길이는 고작 3mm만 늘어나는 것입니다.

다음은 면적을 계산해 봅시다. $(10.3)^2$은 약 107이 되므로, 두부의 면적은 약 6cm^{2}밖에 증가하지 않습니다. 이처럼 증량된 정도를 길이나 면적으로 환산하면 생각보다 아주 작은 값이 나옵니다. 따라서 10% 증량한 것과 아닌 것의 차이를 육안으로 알기란 거의 불가능에 가깝습니다.

"차이가 없잖아! 가게에서 거짓말하는 거 아니야?"

중국집에서 음식을 '곱빼기'로 시키거나 카페에서 '사이즈 업' 음료를 주문했을 때 누구나 한 번쯤은 이런 불평을 해 봤을 겁니다. 이 또한 앞서 예시로 든 10% 증량 두부처럼 가게는 표시한 대로 상품의 양을 늘렸지만, 겉으로는 잘 드러나지 않았을 가능성이 큽니다.

무한 리필 식당에서는 욕심을 버리자

무한 리필 식당에 간 상황을 떠올려 봅시다. 욕심을 부려 접시에 음식을 잔뜩 담았다가 다 먹지 못 하고 남긴 적이 있지 않나요? 이것도 같은 이유입니다.

겉으로 보기에 음식을 두 배 더 많이 담은 경우, 부피로 환산하면 약 2.8배 늘어난 것과 같습니다. 그렇기 때문에 '먹어도 먹어도 줄지 않는다'라는 느낌이 들게 됩니다.

그러니 무한 리필 식당에서 과식하고 싶지 않거나 음식물을

겉으로 보이는 넓이가 2배 더 늘면 부피는 2.8배로 늘어난다

넓이와 부피의 의외의 관계

남기고 싶지 않다면 겉으로 보이는 양과 실제 양의 차이를 고려해 약간 적은 양의 음식을 접시에 담는 것이 좋습니다.

아 는 만 큼 보 이 는 **MATH POINT**

☐ 수학에서 닮음이란 도형의 모양을 바꾸지 않고 일정한 비율로 크기를 확대, 축소한 것을 뜻한다.

☐ 겉으로 보기에 두 배 더 늘어났다면, 실제로는 약 2.8배 늘어난 것과 같다. 즉, 우리 눈에 보이는 양과 실제 양에는 차이가 있다.

왜 수학자들은
평균을 믿지 않을까?
표준편차

일본의 대학 입시생에게 편차값*은 큰 관심사입니다. 고등학생이라면 모의고사 시험 성적표에서 자신의 편차값을 보며 기뻐하거나 낙담하는 날이 꽤 많을 것입니다. 여기서 편차값은 어떻게 결정되는지를 배워 봅시다.

입시와 관련이 없더라도 편차값의 원리처럼 기초적인 수학 지식을 익혀 두면 세상을 바라보는 새로운 시각을 얻는 데 도움이 됩니다. 그러니 그냥 지나치지 말고 꼭 읽어 보기 바랍니다. 자, 시작해 보죠.

• 일본의 대학입시에서 주로 쓰이는 상대평가 지표. 한국 수능의 표준점수와 유사한 개념이다.

평균의 함정에
빠지지 않아야 하는 이유

편차값은 '표준편차'를 이용해 산출합니다. 그러면 표준편차가 무엇인지부터 알아봅시다.

만약 시험 점수가 100점 만점에 80점이라면 '좋은 성적'이고 40점이면 '나쁜 성적'이라는 식으로 단순히 점수만 놓고 성적이 '좋다', '나쁘다'를 판단할 수 있을까요? 답은 '아니요'입니다. 성적의 기준은 '자신을 제외한 다른 학생들이 몇 점을 받았느냐'에 달려 있기 때문입니다.

이번에 치른 수학 시험에서 지난번 시험 점수와 같은 75점을 받았다고 가정해 봅시다. 반 평균 점수 또한 60점으로 같았습니다. 그런데 편차값은 지난번보다 이번 시험에서 더 올랐습니다. 도대체 어떻게 된 일일까요?

113쪽의 그래프처럼 가로축에 점수, 세로축에 인원수를 놓아 봅시다. 지난번 시험의 점수는 왼쪽 그래프와 같이 완만한 산 모양의 분포를 보였고, 이번 시험의 점수는 오른쪽 그래프와 같은 뾰족한 산 모양의 분포가 나타났습니다. 둘 다 평균 점수는 60점이지만, 분포 형태는 크게 다릅니다.

두 그래프를 보면 지난번 시험(왼쪽 그래프)에서는 나보다 더 좋은 점수를 받은 학생이 많았지만, 이번 시험(오른쪽 그래프)에서는 나보다 더 좋은 점수를 받은 학생이 훨씬 적은 것이 보입니다.

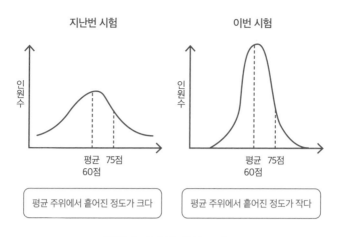

분포가 다른 두 개의 그래프

내 성적은 평균과
어느 정도 차이가 날까?

시험 점수가 아니더라도, 데이터를 다룰 때 평균만으로는 그 특징을 제대로 파악하기가 어렵습니다. 앞의 그래프에서는 학생들의 점수(개별 데이터)가 평균에서 멀리 떨어진 곳까지 흩어져 있고, 오른쪽 그래프에서는 평균 주위에 몰려 있습니다. 이처럼 '데이터가 어느 정도 흩어져 있는지'를 확인하는 것은 데이터를 정확하게 이해하는 데 매우 중요한 요소입니다.

이러한 개별 데이터와 평균 간의 차이를 '편차'라고 합니다. 개별 데이터가 평균보다 크면 편차는 양의 값, 평균보다 작으면 음의 값을 갖습니다. 예를 들어, 평균 점수가 60점이고 여러분의 점수가 75점이라면, 편차는 +15, 여러분의 점수가 40점이라면 -20이 됩니다.

편차는 '개별 데이터가 평균에서 어느 정도 떨어져 있는가'를 보여 줍니다. 따라서 전체 데이터의 편차를 모두 더하면 0이 됩니다. 이런 이유로 편차는 데이터 전체가 평균과 얼마나 차이가 나느냐, 즉 데이터의 흩어진 정도를 나타내는 지표로는 활용할 수 없습니다. 그래서 편차를 제곱하여 모두 더한 다음, 이를 데이터의 수로 나눈 값을 지표로 사용합니다. 이를 '분산'이라고 합니다.

또, 분산의 양의 제곱근을 '표준편차'라고 합니다. 이 역시 데이터의 흩어진 정도를 나타냅니다. 분산이나 표준편차가 크면 그래프는 넓게 퍼지는 형태를 보이고, 작으면 뾰족한 형태를 보이게 됩니다.

아는 만큼 보이는 MATH POINT

☐ 평균만으로는 데이터를 정확하게 분석할 수 없다.
☐ 개별 데이터와 평균 간의 차이를 편차라고 말하며, 전체 데이터의 흩어진 정도를 확인할 때는 분산과 표준편차를 이용한다.

나는 남들보다
얼마나 잘하고 있을까?
편차값

표준편차가 무엇인지 알았으니, 이제 편차값을 설명해 보겠습니다. 표준편차가 데이터 전체의 흩어진 정도를 나타내는 지표라면, 편차값은 어떤 사람의 점수가 평균 점수에서 어떤 방향으로, 얼마나 벗어나 있는지를 나타내는 지표입니다. 즉, 자신의 점수가 전체 안에서 차지하는 위치를 알 수 있습니다. 편차값은 다음 식으로 계산합니다.

$$편차값 = \frac{점수 - 평균점수}{표준편차} \times 10 + 50^{\bullet}$$

• 한국 수능 시험의 표준점수 계산식은 표준점수 $= \dfrac{원점수 - 평균점수}{표준편차} \times 20 + 100$ 이다.

점수가 평균 점수와 같을 때는 첫째 항이 0이 되므로 편차값은 50입니다. 그리고 점수가 표준편차의 1배, 2배만큼 높아질(낮아질) 때마다 편차값은 10, 20 등으로 10씩 올라(내려)갑니다.

어떤 시험의 평균 점수가 65점, 표준편차가 15, 여러분의 점수가 95점일 경우 위의 식에 대입하면 편차값은 70이 됩니다. 즉, 평균 점수에서 표준편차의 두 배 만큼 높은 점수를 받았다는 뜻입니다.

일반적으로 시험 점수는 '시험 응시자 수가 충분히 많다' 등의 조건이 충족되면 '정규분포'에 가까운 형태를 보인다고 알려져 있습니다. 정규분포를 나타내는 곡선은 좌우대칭을 이루는 서양식 종처럼 생겼다고 해서 '벨 커브(bell curve)'라고 부릅니다. 시험 점수뿐만 아니라 자연계와 사회에서 볼 수 있는 다양한 데이터가 정규분포를 따른다고 합니다. 정규분포 그래프의 형태는 평균과 표준편차(또는 분산)에 의해 결정됩니다.

여러 관점으로
데이터를 봐야 한다

편차값은 표준편차 등을 바탕으로 시험마다 다르게 결정되는 값입니다. 비슷한 실력을 가진 사람이라도 시험의 난이도나 어떤 사람들이 시험을 봤는지에 따라 편차값은 크게 달라집니다.

100명이 응시한 시험에서 전원이 100점을 받았다고 가정해 봅시다. 이때 100명 전원의 편차값은 50이 됩니다. 만약 1명만 100점을 받고 나머지는 0점을 받았다면 100점을 받은 사람의 편차값은 149.5점, 0점을 받은 사람의 편차값은 -49가 됩니다. 다른 사람의 점수가 몇 점인지에 따라 큰 차이가 나는 것입니다.

또한, 시험을 보는 인원수나 문항 수, 출제 난이도 등의 이유로 데이터에 치우침이 있을 경우 꼭 정규분포를 따른다고는 할 수 없습니다. 이런 경우 큰 오차가 발생할 수 있습니다. 따라서 편차값은 자신의 실력과 위치가 어느 정도인지 알 수 있는 가장 좋은 지표라고는 할 수 없습니다.

전국모의고사 같은 시험의 성적표를 보면 '당신의 등급은 ○등급입니다'라는 내용이 적혀 있습니다. 그러나 등급만으로 얻을 수 없는 정보가 있습니다. 동일하게 1등급을 받은 두 가지 경우를 생각해 봅시다. 문제가 쉽게 출제되어 모두가 100점을 받아 얻은 1등급과 혼자 독보적인 점수를 얻어 받은 1등급은 엄연히 다릅니다. 따라서 편차값 뿐만 아니라 중앙값** 등 통계학 분야에서 연구되는 다양한 지표를 배워 데이터를 다각도로 바라볼 수 있어야 합니다.

** 자료의 값을 작은 것부터 순서대로 나열할 때 가운데에 위치하는 값

숫자는 당신을
증명하지 않는다

저는 TV 프로그램에 출연하면 "가장 높은 편차값은 얼마였나요?"라는 질문을 자주 받습니다. 솔직하게 "편차값 80입니다"라고 대답하면 방송 내내 편차값이 화면 오른쪽 위에 띄워집니다. 사실 저는 이 편차값으로 바라본 시험의 결과를 별로 신뢰하지 않습니다.

제가 시험에서 만점에 가까운 점수를 받았을 때 다른 사람들의 결과가 그다지 좋지 않았기 때문에 편차값 80이라는 높은 수치가 나왔습니다. 거의 만점이란 말은 적어도 시험에 나온 수준의 문제 정도는 풀 수 있다는 의미에 그칠 뿐, 진정한 실력을 나타낸다고는 말할 수 없습니다. 그보다 더 고난도의 문제는 풀 수도 있고, 못 풀 수도 있기 때문입니다.

편차값 80이나 편차값 20과 같이 지나치게 높거나 낮은 수치를 받았을 때는 결과를 맹신해서 자만하거나 지나치게 자책하지 않도록 주의해야 합니다.

아 는 만 큼 보 이 는 MATH POINT

☐ 한국의 표준점수와 일본의 편차값은 자신의 점수가 전체 안에서 차지하는 위치를 나타낸다.
☐ 표준점수와 편차값 또한 오차가 발생할 수 있으므로 맹신해서는 안 된다.

3

CHAPTER

세상은
온통 수학!
일상의 숨은
패턴 읽는 법

· 통찰력 Level Up ·

도박으로 백만장자가
될 수 없는 이유
마틴게일법

세상에는 '수학자가 도박을 연구하면 필승법을 알아내 큰 부자가 될 수 있지 않을까'라고 생각하는 사람들이 종종 있는 것 같습니다. 과연 수학자는 도박으로 큰 부자가 될 수 있을까요? 진위를 가리기 위해 수학과 도박의 관계를 살펴보겠습니다.

먼저, 도박과 관련된 유명한 필승법인 '마틴게일(martingale)법'을 알아보겠습니다. 마틴게일법은 베팅 시스템의 일종으로, '이론상으로는 반드시 이기는 전략'이라고 알려져 있습니다. 베팅이란 내기 등에 돈을 거는 것을 의미하고, 베팅 시스템이란 카지노 같은 도박 시설에서 베팅하는 방법에 대한 전략을 말합니다.

이를테면 카지노에는 룰렛이나 블랙잭, 바카라 등등의 게임이 있으며, 베팅 시스템은 카지노에서 즐길 때 '돈을 얼마나 걸 것인가', 즉 베팅 금액을 조절하는 전략인 것입니다.

베팅 시스템 중 하나인 마틴게일법은 '승부에 졌을 때 베팅 금액을 두 배로 올려 손실을 만회하는 전략'입니다. 마틴게일법은 카지노 외에도 외환(FX) 거래에서 사용됩니다. 이론상 반드시 이기는 전략이라고 알려진 이유는 연패가 이어지더라도 한 번의 승리로 모든 손실을 만회할 수 있기 때문입니다. 다만 '게임에서 이길 확률은 50%이며, 이겼을 때는 건 돈의 두 배를 받는다'라는 조건이 붙습니다.

마틴게일법에서는 '1회째 10,000원, 2회째 20,000원, 3회째 40,000원, 4회째 80,000원…'이라는 식으로 계속해서 베팅 금액을 두 배로 올립니다. 그래서 '더블 업 베팅'이라고도 불립니다. 만약 1회째 베팅 금액이 10,000원이고, n회째에 처음 이겼다면 $10,000 \times 2^n$원을 받습니다.

마틴게일법의 조건을 충족하는 도박에서 5회째에 처음 이겼다고 해 봅시다. 5회까지 베팅한 금액은 '10,000+20,000+40,000+80,000+160,000=310,000(원)'입니다. 5회째에 처음으로 320,000원을 받았으므로 '320,000-310,000=10,000', 결과적으로 1회째 베팅 금액인 10,000원을 벌게 됩니다.

이처럼 마틴게일법을 사용한 도박에서는 계속 지더라도 마지막 한 판만 이길 수 있다면 이득을 봅니다. 앞의 예시처럼 잃은

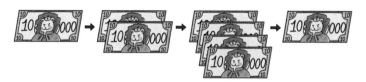

LOSE⋯　　　　LOSE⋯　　　　WIN!

1회째 베팅액	앞에서 건 금액의	바로 앞에 건 금액의	한 번 이기면
10,000원을 건다	2배인 20,000원을 건다	2배인 40,000원을 건다	처음에 건 돈만큼 이익을 얻는다

마틴게일법이란?

금액을 모두 만회하고 처음에 베팅한 금액만큼 이익을 얻을 수 있기 때문입니다. 마틴게일법이 반드시 이기는 전략이라고 알려진 이유입니다.

마틴게일법의 함정

마틴게일법에는 큰 함정이 있습니다. 만약 게임에서 열 번을 연속으로 졌다면 베팅 금액은 얼마가 될까요? 10회째까지 베팅한 금액의 합계는 '$10,000+20,000+40,000+80,000+\cdots+2,560,000+5,120,000=10,230,000$(원)'입니다. 열 번만 져도 베팅 금액이 총 1,000만 원을 초과해 버립니다.

따라서 마틴게일법으로 이기려면 초기 자금이 넉넉해야 하고,

이기더라도 그때까지 건 금액이 얼마든 처음에 건 돈만큼만 받을 수 있습니다.

"몇 억 원이라도 베팅할 수 있어"라고 말하는 배짱 있는 부자일지라도 1회째 베팅 금액이 1,000원이고 30회 연속해서 진다면, 베팅 금액의 합계는 총 1조 원이 넘습니다. 아무리 돈을 쌓아 두는 부자일지라도 이렇게 무모한 도박을 할 사람은 없습니다. 또한, 몇 천억, 몇 조 원을 가지고 있는 부자가 겨우 1,000원을 벌려고 도박을 한다는 것은 현실적으로 있을 수 없는 이야기입니다.

도박에는
어떠한 필승법도 없다

안타깝지만 마틴게일법은 현실적인 필승법이라고 할 수 없습니다. 만약 도박에 필승법이 있다면 애초에 카지노 같은 도박 시설은 계속 운영하기가 힘들 것입니다. 채소 가게가 산지에서 사들인 가격보다 더 싸게 채소를 파는 것이나 마찬가지니까요.

도박에는 필승법이 없습니다. 앞에서도 말했듯, 도박은 장기적으로 봤을 때 주최자가 반드시 이익을 보는 구조입니다. 주최자가 손해를 보는 구조라면 사업으로 의미가 없기 때문입니다.

아쉽게도 수학자인 저 또한 도박으로 억만장자가 될 일은 없을 것 같습니다. 부자가 되고 싶다면 도박을 하기 보다는 착실하게 자신의 일을 해 나가는 것이 더 빠른 길입니다.

🖥 아 는 만 큼 보 이 는 MATH POINT

☐ 마틴게일법은 승부에 졌을 때 베팅 금액을 두 배로 올려 손실을 만회하는 전략으로, 한 번의 승리로 모든 손실을 만회할 수 있다.

☐ 도박에서 마틴게일법을 활용하기에는 현실성이 떨어지며, 도박에는 어떠한 필승법도 존재하지 않는다.

복권 구입
이득일까, 손해일까?
기댓값 계산

　도박에 필승법은 없다지만 내심 '일확천금으로 인생 역전!'을 기대하는 사람도 있을 겁니다. 이러한 꿈은 돈을 벌 가능성이 더 높은 도박이나 베팅 방법이 없을지 고민하게 만듭니다. 이때 판단의 기준이 되는 것이 '기댓값' 혹은 '공제율'입니다.

　기댓값이란 '한 번 투자한 금액으로 얼마의 이득을 기대할 수 있는가'를 계산한 값입니다. 간단히 말하자면 '획득 상금×확률'을 계산한 합계액입니다.

　예를 들어, 주사위 게임을 한번 생각해 봅시다. 주사위를 한 번 던져 '1의 눈이 나오면 1만 원, 그 밖의 다른 눈이 나오면 0원'과 '1의 눈이 나오면 0원, 그 밖의 다른 눈이 나오면 2,500원'이라는 조건이 있고, 둘 중 한쪽의 게임에 참여할 수 있다면 어느 쪽을 선택하시겠어요? 이럴 때 기댓값을 계산해 보면 합리적으로 판단할 수 있습니다.

전자의 경우 기댓값은 1의 눈이 나올 확률이 6분의 1, 1 이외의 다른 눈이 나올 확률이 6분의 5이므로,

$$10{,}000 \times \frac{1}{6} + 0 \times \frac{5}{6} ≒ 1{,}667(원)$$

입니다. 한편 후자의 경우 기댓값은

$$0 \times \frac{1}{6} + 2{,}500 \times \frac{5}{6} ≒ 2{,}083(원)$$

이 됩니다. 따라서 후자에 베팅하는 게 더 현명한 선택입니다.

이 게임에 참가하려면 참가비를 내야 한다는 조건을 덧붙여 봅시다. 참가비가 2,000원이라면 기댓값이 참가비보다 높은 후자에 돈을 거는 편이 좋습니다. 반대로 기댓값보다 참가비가 더 높은 전자에는 베팅하지 않는 편이 좋습니다.

참고로 복권 당첨금의 기댓값은 구입 가격보다 낮습니다. 예를 들어, 1장에 3,000원인 복권이 있다면 당첨금의 기댓값은

1,500원 미만입니다. 즉, 복권 한 장을 사면 구입 금액의 절반 정도는 손해를 본다는 뜻입니다.

또, 공제율이란 '운영자가 가져가는 금액의 비율'을 말합니다. 도박이나 게임의 운영 수수료라고 생각하면 이해하기 쉬울 것입니다. 마권의 종류에 따라 다르지만, 경마의 공제율은 20~30%라고 합니다.

📟 아 는 만 큼 보 이 는 **MATH POINT**

☐ 기댓값이란 '한 번 투자한 금액으로 얼마의 이득을 기대할 수 있는가'를 계산한 값이다.

☐ 복권 당첨금의 기댓값은 구입 가격보다 낮다.

보험을 팔고 싶다면
수학을 알아야 한다
보험과 수학

앞서 마틴게일법이 도박뿐만 아니라 외환 거래 등에서도 사용된다고 했던 이야기를 기억하시나요? 수학은 금융공학의 기초가 되는 학문이기도 합니다. 금융공학이란 수학적 방법을 통해 금융의 다양한 문제를 해결하는 학문을 말합니다.

그중 하나로 '보험'이 있습니다. 예를 들어, 어떤 사람이 암보험에 가입해 있다고 가정해 봅시다. 이 경우 암에 걸리면 금전적으로 이득을 보고, 암에 걸리지 않으면 금전적으로 손해를 보는 일종의 도박에 참가했다고 볼 수 있습니다.

보험 회사는 카지노 운영자와 별반 다르지 않은 입장인 것입니다. 가입자의 나이와 병력 등을 바탕으로, 앞으로 가입자가 질

병에 걸릴 확률이나 사고를 당할 확률 등을 좀 더 정확하게 예측하여 적정한 보험료와 지급액을 설정해야 합니다.

더구나 몇 년 후, 몇 십 년 후에는 돈의 가치도 달라집니다. 같은 1만 원이라도 현재의 1만 원과 50년 후 1만 원의 가치가 다르기 때문에 경제 여건이나 전망 등도 가격에 반영해야 합니다.

이렇듯 보험 회사는 고도의 수학 이론을 바탕으로 최적의 가격을 설정해 상품을 개발합니다. 보험 상품을 개발하는 일을 하는 전문가를 '보험계리사'라고 부르는데, 보험계리사들 중에는 대학에서 수학을 전공한 사람들이 많습니다.

수학은 도박이나 보험과 떼려야 뗄 수 없는 관계이며, 미래를 조금 더 정확하게 예측하기 위해서는 없어서는 안 되는 중요한 학문입니다.

아 는 만 큼 보 이 는 **MATH POINT**

☐ 보험 회사는 수학 이론을 이용해 자신들에게 유리한 최적의 상품을 개발한다.

서울에서 부산까지
5분이면 된다?
사이클로이드

일본의 도쿄와 오사카(직선거리 기준 약 400km, 한국의 서울에서 부산까지의 거리는 약 325km)를 단 8분 만에 이동할 수 있는 수단이 있다면 믿어지시나요? 게다가 전기 등의 동력도 전혀 필요 없습니다. 물론 공기 저항이나 마찰 저항이 없다고 가정한 이론상의 이야기이지만, 이 이동 수단은 대체 어떤 원리로 움직이는 것일까요?

바로 '사이클로이드(cycloid)'라는 곡선을 뒤집은 모양의 '최속강하곡선'을 이용하는 것입니다. 사이클로이드는 높이 차이가 있는 어떤 두 점 사이를 이동할 때 가장 빠른 속도로 하강하고, 똑같이 빠른 속도로 상승할 수 있는 곡선입니다. 따라서 이 곡선

모양의 터널을 지하에 파서 연결하면, 계산상으로 도쿄와 오사카 사이를 8분 만에 이동할 수 있습니다. 게다가 두 점 사이의 거리가 길수록 속도는 빨라집니다. 예를 들어, 도쿄와 런던을 최속강하곡선의 터널로 연결하면 단 39분 만에 이동할 수 있다고 합니다. 더구나 휘발유 등의 연료는 전혀 필요하지 않습니다.

그러나 이 최속강하곡선을 이용한 이동 수단에는 큰 결점이 있습니다. 바로 출발역과 종착역에만 정차할 수 있다는 점입니다. 이렇게 되면 도쿄와 오사카 사이에 있는 나고야(한국의 대전 정도에 위치한 도시)의 시민들이 크게 반대하겠지요.

사실 우리 주변에는 최속강하곡선을 활용한 장치들이 매우 많습니다. 대표적인 예로 롤러코스터가 있습니다. 롤러코스터의 코스는 가능한 한 빠른 속도를 낼 수 있는 최속강하곡선을 따라 움직이도록 설계됩니다.

사이클로이드는
누가 발견 했을까?

사이클로이드란 대체 어떤 곡선일까요? 자전거 등의 바퀴가 회전할 때 바퀴 위의 한 점이 그리는 궤적을 말하며, 굴렁쇠 선이라고도 불립니다. 수학적으로는 직선 위로 원을 굴렸을 때 원주 위의 한 점이 그리는 곡선을 말합니다.

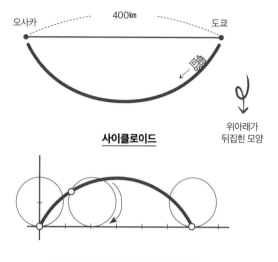

최속강하곡선과 사이클로이드

　이 사이클로이드를 열심히 연구한 사람은 갈릴레이의 제자이
자 이탈리아의 물리학자이자 수학자였던 에반젤리스타 토리첼
리(Evangelista Torricelli)였습니다. 이 시대에는 임의의 두 점 사이
를 연결하는 모든 곡선 중 위쪽에 있는 점에서 출발하여 아래쪽
에 있는 점에 도달하기까지 걸리는 시간이 가장 짧은 곡선(즉, 최
속강하곡선)에 대한 연구도 이미 진행되었습니다.

　갈릴레오 갈릴레이는 《새로운 두 과학》에서 '최속강하곡선은
원호(圓弧, 원 둘레의 일부분)'라고 주장했습니다. 이후, 스위스의 수
학자 요한 베르누이(Johann Bernoulli)가 당시 유럽의 수학자들에

게 최속강하곡선의 형태에 대한 문제를 낸 기록이 있습니다. 이에 답한 사람은 아이작 뉴턴(Sir Isaac Newton)과 요한의 형 야콥 베르누이(Jakob Bernoulli), 고트프리트 라이프니츠(Gottfried Wilhelm Leibniz), 기욤 드 로피탈(Guillaume de l'Hôpital) 등 당대의 유명한 수학자 4명이었습니다. 그 결과 최속강하곡선은 사이클로이드라는 사실이 밝혀졌습니다.

📷 **아 는 만 큼 보 이 는 M A T H P O I N T**

☐ 사이클로이드란 자전거 등의 바퀴가 회전할 때, 바퀴 위의 한 점이 그리는 궤적을 뜻한다.
☐ 최속강하곡선이란 사이클로이드를 뒤집은 형태의 곡선으로, 이동 속도를 아주 빠르게 높일 수 있다. 오늘날 롤러코스터를 만들 때도 사용된다.

고속도로 출구에는
왜 커브 구간이 많을까?
클로소이드

우리의 일상생활과 밀접한 관련이 있는 곡선을 또 하나 소개하겠습니다. 바로 '클로소이드(clothoid)'라는 곡선입니다. 클로소이드는 오일러가 열심히 연구했기 때문에 오일러 나선이라고도 불립니다.

하늘에서 봤을 때 네잎 클로버처럼 생긴 고속도로 교차로를 본 적이 있나요? 도로가 만나는 교차로에서는 교통의 흐름이 원활하게 이뤄지도록 종종 이런 모양의 도로가 만들어집니다. 고속도로를 설계할 때 직선과 곡선의 곡률을 서서히 변화시켜 부드럽게 회전할 수 있도록 돕는 곡선이 바로 클로소이드입니다.

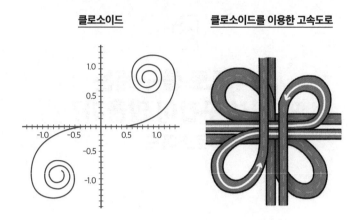

클로소이드   **클로소이드를 이용한 고속도로**

사람에게 편한 곡선 클로소이드

안전한 길을 만드는
곡선 클로소이드

클로소이드를 세계 최초로 도로에 적용한 곳은 바로 독일의 고속도로 아우토반입니다. 오늘날 클로소이드는 고속도로에 가장 많이 활용되며, 지하철이나 철도의 레일을 설계할 때도 이용됩니다.

클로소이드는 처음에는 직선으로 시작해 앞으로 나아갈수록 점점 더 심하게 굽습니다. 고속도로 교차로 역시 첫 번째 커브는 완만하지만 점점 더 커브가 급해집니다.

클로소이드를 이용해 만든 도로에서는 일정한 속도로 움직이면서 일정한 비율로 핸들을 돌리면 되기 때문에 조금 더 안전하고 편안하게 운전할 수 있습니다. 승객 또한 회전할 때 받는 충격이 작습니다. 따라서 클로소이드는 '사람에게 편한 곡선'이나 '안전 곡선'이라고도 합니다.

🖳 아 는 만 큼 보 이 는 **MATH POINT**

☐ 도로의 교차로, 고속도로, 철도의 레일 등에는 안정성과 편리성을 높이기 위해 클로소이드를 활용한다.

☐ 클로소이드를 활용해 만든 도로는 처음에는 직선으로 시작하지만 앞으로 나아갈수록 길이 심하게 굽는다.

'미분'이 전쟁의
유물이라는 말의 정체
미분의 탄생

　자동차에는 속도계가 설치되어 있어 주행 중인 속도가 실시간으로 표시됩니다. 시속 60km일 경우 '1시간에 60km의 속도로 주행하고 있다'는 의미입니다. 어떻게 1시간을 주행하지 않고도 미리 속도를 알 수 있을까요? 이것은 고등학교 수학 시간에 배우는 '미적분' 중에서 미분을 활용한 예입니다.

날아가는 포탄에서
미분을 발견하다

　시간을 거슬러 16세기의 유럽으로 가 보겠습니다. 당시 유럽에서는 크고 작은 전쟁이 끊임없이 벌어지고 있었습니다. 그런 상황이다 보니 대포의 포탄이 목표물을 정확하게 맞히는 것이 전쟁의 승패를 가르는 중요한 문제로 떠올랐습니다. 많은 수학자가 날아가는 포탄의 궤적을 알아내기 위한 연구에 매달렸습니다. 당시 사람들은 포탄이 곡선을 그리며 날아간다는 사실은 알고 있었지만, 그 이유는 알지 못했습니다.

이 의문에 해답을 제시한 사람이 갈릴레이입니다. 우리 모두가 아는 것처럼 날아가는 포탄은 중력에 의해 땅으로 떨어집니다. 갈릴레이는 포탄이 나아가는 속도를 중력을 받는 수직 방향의 속도와 똑바로 날아가는 수평 방향의 속도 두 가지로 나누어 생각했습니다. 그리고 수평 방향의 속도는 변하지 않지만 수직 방향의 속도는 시간이 지나면서 변화한다는 사실을 깨달았습니다. 위로 올라갈 때는 속도가 점점 느려지다가 가장 높은 곳에 이르러 순간적으로 정지하고(속도가 0), 또 다시 속도가 점점 빨라지면서 땅으로 떨어진다는 사실을 발견한 것입니다.

17세기에 접어들어 데카르트가 '좌표 평면'이라는 개념을 고안했습니다. 좌표란 점의 위치를 나타내는 기준이 되는 표를 말합니다. 좌표 평면 위에 도형을 놓고 이들을 식으로 나타내었으며, 또 그 식을 해석해 도형의 특성도 분석할 수 있게 되었습니다. 그 결과 이차함수의 그래프로 포탄이 그리는 궤적을 나타낼 수 있다는 사실을 알게 되었습니다. 이런 이유로 이차함수가 그리는 곡선을 '포물선'이라 부르게 된 것입니다. 또한, 포탄의 궤적을 나타내는 이차함수의 그래프를 이용해 포탄이 날아가다 떨어지는 위치를 계산할 수 있게 되었습니다.

한편, 당시의 수학자들은 시시각각 변하는 포탄의 속도를 계산해 보려고 했습니다. 그런 가운데 이차함수가 그리는 곡선 위의 한 점에서 곡선에 접하는 직선의 방정식을 구할 수 있다면, 그 직선의 기울기가 바로 그 순간의 속도를 나타낸다는 것을 알게 되었습니다. 이 직선을 '접선'이라고 합니다. 그리고 이 접선의 기울기를 구하는 방법이 바로 미분입니다.

다시 말해, 미분이란 운동하는 물체의 특정 순간의 속도를 구하는 방법입니다. 이 미분을 만든 사람이 뉴턴이었습니다. 뉴턴은 1665년 스물셋의 젊은 나이에 미분을 발견했습니다.

자동차가
속도를 측정하는 방법

이제 미분이 무엇인지 알았으니 앞에서 말한 자동차 속도계의 이야기로 돌아가 봅시다. 좌표평면의 세로축에 이동 거리, 가로축에 이동 시간을 두고 이동 거리와 이동 시간의 관계를 나타내는 그래프를 그린다고 해 봅시다. 이때 그래프 위의 어떤 한 점에 접하는 접선의 기울기는 특정 시간에서 자동차의 순간 속도를 나타냅니다.

자동차에는 바퀴의 회전을 감지하는 센서가 달려 있습니다. 바퀴가 한 번 회전할 때마다 신호가 한 번 발생한다고 해 봅시다. 이때 자동차의 속도가 빨라지면 감지하는 신호와 신호 사이의 간격이 짧아지고, 느려지면 길어집니다. 바퀴가 1회전 할 때 앞으로 나아가는 거리는 일정하지만 속도는 끊임없이 변하므로 회전 신호의 간격도 변하는 것입니다. 따라서 자동차 속도계에 표시되는 속도는 자동차에 장착된 장치로 회전 신호 간격을 분석하여 속도를 계산한 것입니다.

이처럼 미분은 미래를 예측할 수 있는 유용한 도구입니다.

아 는 만 큼 보 이 는 M A T H P O I N T

☐ 미분은 날아가는 포탄의 속도를 계산하려는 시도 속에서 발견되었다.

☐ 미분은 움직이는 물체의 순간 속도를 구하는 것으로, 이 속도를 이용해 미래에 일어날 일을 예측할 수 있다.

전자체온계는 어떻게 30초 만에 체온을 알 수 있을까?

미분의 활용

우리의 일상생활에서 미분이 이용되는 또 한 가지 예로 전자체온계가 있습니다. 전자체온계는 실측식과 예측식 두 종류가 있습니다. 실측식은 체온을 측정하는 데 5분에서 10분 정도 걸리지만, 예측식은 30초면 측정할 수 있습니다.

대체 어떤 원리로 체온을 측정하는 것일까요? 예측식이란 이름 그대로 10분 후의 체온을 미분을 통해 미리 예측하는 방식입니다.

먼저, 전자체온계를 겨드랑이에 끼우면 체온계의 끝에 달린 센서가 체온으로 데워집니다. 보통 온도가 다른 두 물체가 접촉하면 차가운 물체의 온도는 금방 올라가지만, 상온인 물체의 온

아는 만큼 보이는 세상 | 수학 편

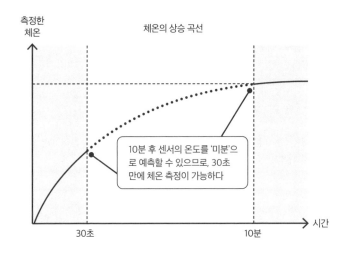

측정한
체온

체온의 상승 곡선

10분 후 센서의 온도를 '미분'으로 예측할 수 있으므로, 30초만에 체온 측정이 가능하다

30초   10분

시간

전자체온계와 미분

도는 좀처럼 올라가지 않습니다. 이는 두 물체의 온도 차이에 따라 열이 전달되는 속도가 다르기 때문인데, 온도 차이가 클수록 열이 전달되는 속도가 빠릅니다.

열이 전달되는 속도에 따라 온도 차이를 계산할 수 있습니다. 전자체온계에 내장된 미분방정식을 푸는 프로그램이 센서의 온도가 올라가는 속도를 계산하고, 이를 바탕으로 10분 후의 온도를 예측하는 것입니다.

오늘날에는 여러 가지 상황에서 미분의 원리를 활용해 예측의 정확도를 높이고 있습니다. 특히 과거에 실제로 측정한 수많은 데이터를 활용하여 통계적으로 값을 예측하는 방법을 자주 사용합니다. 이런 방법들을 통해 예측식 전자체온계의 성능은 지금도 계속 향상되고 있습니다.

☐ 전자 체온계는 미분을 활용한 것으로, 온도가 올라가는 속도를 통해 10분 후의 체온을 예측한다.

'적분' 때문에
억울하게 죽은 수학자
적분의 역사

이제 적분을 간략하게 설명해 보겠습니다. 앞에서 이야기한 미분과 반대 관계에 있는 것이 적분입니다. 1665년에 미분을 발견한 뉴턴은 적분에 대한 연구도 함께 시작했습니다. 미분이 곡선 위의 한 점에서의 접선의 기울기를 구하는(물체의 속도를 구하는) 방법인 데 반해, 적분은 직선이나 곡선에 둘러싸인 영역의 넓이를 구하는 방법입니다.

자동차의 속도는 이동 시간과 이동 거리의 관계를 나타낸 그래프 위의 한 점에서 접선의 기울기이며, 접선의 방정식은 이 그래프를 나타내는 방정식을 미분하면 구할 수 있다고 설명했습니다.

반면, 좌표평면의 세로축에 속도, 가로축에 시간을 두고 그래프를 그렸을 때 이 그래프를 적분하면 그래프와 가로축으로 둘러싸인 영역의 넓이를 구할 수 있습니다. 이렇게 구한 넓이는 자동차의 이동 거리에 해당합니다. 즉, 거리를 미분하면 속도를 구할 수 있고, 속도를 적분하면 거리를 구할 수 있습니다. 조금 어렵게 느껴질지 몰라도, 미분과 적분이 반대 관계라는 점을 알아 두시길 바랍니다.

미분보다 오래된
적분의 역사

사실 적분은 미분보다 역사가 훨씬 오래되었습니다. 앞에서 미분은 뉴턴이 발견했다고 말했는데, 적분의 역사는 고대 그리스 시대까지 거슬러 올라갑니다.

삼각형이나 사각형 같은 직선으로 둘러싸인 영역의 넓이를 구하는 것은 그리 어렵지 않습니다. 그러나 곡선으로 둘러싸인 영역의 넓이를 구하기는 결코 쉽지 않습니다. 그래서 고대 그리스의 수학자이자 물리학자인 아르키메데스(Archimedes)는 '실진법'이라는 방법을 이용했습니다.

실진법이란 넓이를 구하고자 하는 포물선 안쪽 영역의 넓이를 그 안에 포함된 무수히 많은 작은 삼각형들의 넓이의 합으로 구하는 방법입니다. '무수히 작게 나누어 그것을 모두 더한다'는 생각이 적분의 출발점이었습니다. 1,800여 년의 시간이 흐른 뒤, 아르키메데스의 생각을 천문학에 응용한 사람이 있었습니다. 바로 독일의 천문학자 요하네스 케플러(Johannes Kepler)입니다.

또한, 갈릴레이의 제자였던 보나벤투라 카발리에리(Bonaventura Cavalieri)는 '면'을 무한히 얇게 자르면 '선'이 되고, '입체'를 무한히 얇게 자르면 '면'이 만들어진다는 사실을 깨달았습니다. 그리고 이를 발전시켜 '두 평면도형을 서로 평행한 직선으로 자를 때 두 도형을 지나는 선분의 길이가 항상 같으면 두 도형의 넓이가 같다'라는 수학적 사실, 즉 '카발리에리의 원리(Cavalieri's principle)'를 발견했습니다. 이 원리는 이후 여러 수학자들이 적분이라는 형태로 발전시켜 나갔습니다.

하지만 당시의 계산법들은 모두 문제를 푸는 방법이 복잡하고, 번거로우며, 정확성이 떨어진다는 커다란 문제점이 있었습니다. 이러한 문제점을 단번에 해결한 사람이 뉴턴이었습니다. 미분에 이어 적분을 연구하던 뉴턴은 그동안 따로 연구되어 온 두 계산법이 사실 반대 관계에 있다는 것을 깨달았습니다. 이것은 수학의 역사에 전환점을 마련할 정도로 매우 중요한 발견이었습니다.

라이프니츠의
억울한 죽음

뉴턴의 대발견으로 미분과 적분은 미적분으로 통합되었고, '해석학'이라는 수학의 한 분야가 탄생하게 되었습니다. 그런데 미적분을 발견한 사람은 뉴턴 말고도 한 사람이 더 있었습니다. 바로 라이프니츠입니다.

라이프니츠는 1675년에 미분을 발견했습니다. 이를 정리해 1684년에는 미분을, 1686년에는 적분을 발견했다고 학회에 발표했습니다. 뉴턴이 미분을 발견한 해가 1665년이므로, 라이프니츠는 뉴턴보다 10년 정도 늦게 발견한 셈입니다. 그러나 비밀주의자로 알려진 뉴턴은 자신이 발견한 미분을 바로 발표하지 않고 약 40년이 지난 1704년에 공개했습니다.

누가 먼저 미적분을 발견했는가를 두고 뉴턴과 라이프니츠는 격렬한 다툼을 벌였습니다. 그러다가 1699년 뉴턴의 지지자들이 '라이프니츠가 뉴턴의 이론을 베꼈다'고 주장하고 나섰습니다. 1713년 영국의 왕립협회도 뉴턴이 미적분의 첫 발견자라고 인정하면서 라이프니츠는 도용 의혹을 풀지 못한 채 1716년 숨을 거뒀습니다.

📺 아 는 만 큼 보 이 는 MATH POINT

☐ 미분과 적분은 서로 반대 관계에 있다.
☐ 미적분은 뉴턴과 라이프니츠가 거의 동시에 발견했다.

기상청보다 빠르게
벚꽃 피는 날 아는 법
적분과 벚꽃

오늘날 적분은 미분과 마찬가지로 다양한 분야에서 활용되고 있습니다. 적분이 일상에서 쓰이는 예로는 '벚꽃 개화 시기' 예측을 들 수 있습니다.

기온은 벚꽃의 개화 시기에 큰 영향을 미칩니다. 이와 관련해 '400℃의 법칙'이나 '600℃의 법칙'이라 불리는 법칙이 있습니다. 400℃의 법칙은 '2월 1일부터 매일 평균 기온을 더해서 400℃에 도달할 무렵에 벚꽃이 핀다'는 이론입니다. 또, 600℃의 법칙은 '2월 1일부터 매일 최고 기온을 더해서 600℃가 될 무렵에 벚꽃이 핀다'는 이론입니다.

먼저, 600℃의 법칙에 따라 벚꽃의 개화일을 예측해 보겠습니

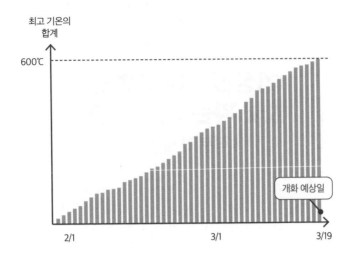

최고 기온의
합계

600℃

개화 예상일

2/1   3/1   3/19

벚꽃 개화 예상 시기 예측과 '적분'

다. 2월 1일부터 매일 최고 기온을 기록합니다. 그다음 세로축
에 최고 기온 합계, 가로축에 날짜를 놓고 그래프를 그려 나갑니
다. 이때, 그래프의 값을 계속해서 더한 누적 합계가 600℃에 도
달할 무렵에 벚꽃이 필 것으로 예측합니다. 그래프의 값을 계속
더해 간다는 것은 곧 이 그래프를 적분한다는 의미입니다.

벚꽃도 곤충도
적분을 한다

실제로 벚꽃의 개화 시기는 기온만이 아니라 여러 가지 요인에 의해 결정됩니다. 지금은 여러 민간 기상정보업체가 자체적으로 계산식을 개발해 벚꽃 개화 예상 시기를 발표하고 있습니다. 다만, 어느 계산식이든 기본적으로는 적분이 이용됩니다.

매미와 같은 곤충도 온도와 밀접한 관계가 있으며, 발육 단계마다 발육에 필요한 일정한 온량(溫良)이 있다고 합니다. 이것을 '유효적산온도'라고 하며, 일평균 기온에서 발육에 필요한 최저온도(이것을 '발육영점온도'라고 합니다)를 빼고 그 값을 누적해서 더한 값입니다. 이 유효적산온도가 일정 값을 넘기면 부화나 우화(羽化, 번데기가 날개 있는 성충이 됨)를 시작한다고 합니다.

세상에 벚꽃도 곤충도 적분을 하고 있었던 것입니다!

📺 아 는 만 큼 보 이 는 MATH POINT

☐ 벚꽃의 개화 시기나 곤충의 부화 등은 적분으로 예측할 수 있다.

인터넷 사이트에 걱정 없이
로그인할 수 있는 이유
암호의 발전

인터넷은 이제 물이나 전기만큼 우리 생활에 없어서는 안 될 중요한 생활 인프라가 되었습니다.

하지만 인터넷에서 오가는 정보를 누군가 몰래 들여다보거나 가로채 간다면 지금처럼 안심하고 메일을 주고받거나 인터넷 쇼핑을 즐길 수 없을 것입니다. 그래서 개인 정보를 포함해 전송되는 모든 디지털 데이터를 암호화하여 악의적인 제삼자가 몰래 보거나 훔치는 것을 방지하고 있습니다. 여기서 데이터를 암호화하는 기술을 '암호 기술'이라고 합니다.

약 2,000년 동안 발전한
다양한 암호의 기술

암호 기술의 역사는 기원전으로 약 2,000년 이상 거슬러 올라 갑니다. 가장 오래된 암호화 방식 중 하나로 '시저 암호'가 있습니다. 고대 로마 시대 율리우스 카이사르(Gaius Julius Caesar)가 사용했다고 해서 이런 이름이 붙었다고 합니다. 그의 이름을 영어식으로 발음하면 '줄리어스 시저'가 됩니다.

시저 암호는 암호화하려는 내용을 알파벳별로 3글자씩 밀어 다른 글자로 바꾸는 단순한 방식입니다. 예를 들어, 'I LOVE YOU'라는 정보를 전송한다고 합시다. 암호화하기 위해 각 알파벳을 세 글자씩 밀어 다른 알파벳으로 바꿉니다. 즉, I는 L로, LOVE는 ORYH로, YOU는 BRX로 변환해 'L ORYH BRX'라는 암호문을 만들어 보냅니다.

이때 암호문을 받는 쪽이 '정보가 세 글자씩 밀려 있다'는 사실을 알고 있으면 'I LOVE YOU'라고 해석할 수 있습니다. 이 정보를 몰래 보거나 훔치려는 사람이 있더라도 세 글자씩 밀어 내는 암호 방식을 모를 경우에는 'L ORYH BRX'이 'I LOVE YOU'를 의미한다는 사실을 알 수 없습니다.

그러나 이 시저 암호와 같은 방식은 정말로 간단해서 쉽게 간파당합니다. 그래서 정보를 더 튼튼하게 지키기 위해 지금까지 다양한 암호 기술이 개발되어 왔습니다. 암호 기술은 암호 작성

자와 암호 해독자 사이의 수백 년에 걸친 공방을 통해 발전해 왔다고 할 수 있습니다.

📺 아 는 만 큼 보 이 는 **MATH POINT**

☐ 암호의 역사는 약 2,000년 이상 거슬러 올라가며, 가장 오래된 암호화 방식 중에
  는 '시저 암호'가 있다.

우리의 정보를 지켜 주는 '공개키 암호'

RSA 암호

디지털 데이터를 주고받을 때 오래전부터 사용되어 온 암호 방식은 '공통키 암호(대칭키 암호)'입니다. 이것은 암호를 만드는 쪽(암호화)과 푸는(복호화) 쪽 모두 같은 키를 사용하는 암호 기술입니다. 키란 암호를 만들거나 푸는 과정에 필요한 보조 정보이며, 기본적으로는 키를 공유한 사람끼리만 데이터를 복호화(번역)할 수 있습니다.

현재 가장 널리 쓰이는 암호화 방식은 'RSA 암호'라고 불리는 암호 기술로, 이메일이나 전자상거래 보안 등 폭넓게 사용되고 있습니다. RSA 암호에서는 공통키 암호가 아니라 '공개키 암호'가 사용됩니다. 암호화와 복호화에 사용하는 키가 서로 다르며,

암호화에 사용되는 키는 공개할 수 있습니다. 공통키 암호의 경우 키를 넘겨받을 때 도난당할 위험이 있으며, 비밀리에 전달하려면 비용도 듭니다. 그렇기 때문에 일반인이 공통키 암호를 사용하여 데이터를 주고받기에는 어려움이 있습니다.

이런 문제를 해결한 것이 공개키 암호입니다. 공개키 암호의 경우, 암호화 키를 알고 있어도 해독하기란 사실상 거의 불가능하기 때문에 공개하는 것입니다.

영화에 나오는 해커처럼
암호를 풀기 어려운 이유

공개키 암호인 RSA 암호는 소인수분해가 어렵다는 사실을 이용합니다. 큰 소수 2개를 곱해 놓은 수를 암호화 키로 공개하는데, 원래 어떤 소수의 곱으로 이뤄졌는지 소인수분해(해독)하려면 슈퍼컴퓨터를 사용해도 몇백 년 이상 걸릴 수 있습니다. 암호 해독이 현실적으로 불가능한 이유입니다.

〈썸머 워즈〉라는 애니메이션 영화가 있습니다. 이 영화의 주인공은 코피를 흘려 가며 하룻밤 만에 암호를 해독하고, 이를 이용해 컴퓨터에 로그인합니다. 슈퍼컴퓨터로도 계산하기 매우 어려운 큰 수를 소인수분해하는 데 성공했다는 뜻입니다. 하지만 이는 어디까지나 영화 속 이야기일 뿐입니다. 현실 세계에서는 아무리 천재적인 두뇌를 가졌다 해도 슈퍼컴퓨터도 불가능한 일을 해낼 수는 없기 때문입니다.

페르마의 마지막 정리만큼 중요한 페르마의 소정리

수학 역사상 가장 풀기 어려운 문제(난제)로 남았던 '페르마의 마지막 정리'라고 들어보셨나요? 페르마의 마지막 정리는 '페르마의 대정리'라고도 불립니다. 페르마가 처음으로 제기한 문제로, 수많은 수학자가 도전했지만 아무도 풀지 못하다가 페르마 사후 약 330년이 지난 1995년에 이르러서야 증명된 정리로 유명합니다.

여기서 한 가지 알아차린 사실이 있지 않나요? 페르마의 대정리가 있다는 말은 곧 '페르마의 소정리도 있다는 말일까?'라고 생각했다면, 정답입니다. 페르마의 소정리는 소수에 관한 정리이며, RSA 암호 방식의 토대가 되었습니다. 페르마의 소정리는 라이프니츠가 증명한 것으로 알려져 있습니다.

오랜 세월 동안 수학자들은 소수에 대한 연구가 실생활에 도움이 될 것이라고 생각하지 않았습니다. 그러나 RSA 암호는 이제 우리의 생활에서 없어서는 안 될 중요한 기술로 자리 잡았습니다. 페르마도 자신의 연구가 이런 형태로 현대 사회를 지탱하게 되리라고는 꿈에도 생각하지 못 했을 겁니다. 이것이 바로 수학의 흥미로운 점이자 과학의 묘미가 아닐까요?

컴퓨터 한 대로
누구나 해커가 될 수 있다고?
쇼어 알고리즘

전 세계적으로 양자 컴퓨터의 연구 개발 경쟁이 치열하게 진행되고 있습니다. 양자 컴퓨터란 원자나 전자 같은 '양자'의 성질을 이용해 정보를 처리하는 컴퓨터를 말합니다. 만약 양자 컴퓨터가 실용화되면 더는 RSA 암호를 사용할 수 없다고 합니다.

1994년, 미국의 수학자 피터 쇼어(Peter W. Shor)가 양자 컴퓨터에서 실행할 수 있는 '쇼어 알고리즘(Shor's Algorithm)'을 개발했는데, 이 알고리즘을 이용하면 소인수분해를 빠르게 처리할 수 있다는 사실이 수학적으로 증명되었기 때문입니다. 큰 수를 소인수분해하기는 어렵다는 점에 기반을 둔 RSA 암호가 쉽게 깨질 수 있다는 말입니다.

아직은 우리가 안심해도 되는 이유

공개키 암호 방식 중 하나로 타원곡선* 암호가 있습니다. 이는 대수기하학**의 한 분야인 타원곡선 이론을 기반으로 한 방식으로, 1985년에 개발되었습니다. 대수기하학은 독일 태생의 프랑스 수학자 알렉산더 그로텐디크(Alexander Grothendieck)가 1950년대 후반부터 1960년대에 걸쳐 뛰어난 업적을 남긴 분야입니다.

아쉽게도 타원곡선 암호 또한 쇼어 알고리즘을 이용하면 해독이 가능하다고 알려져 있습니다. 그러나 양자 컴퓨터가 실용화되려면 아직 갈 길이 멀기 때문에 RSA 암호나 타원곡선 암호가 실시간으로 해독되려면 지금부터 10년 이상의 세월이 더 필요하다고 합니다.

📺 아 는 만 큼 보 이 는 **MATH POINT**

☐ 쇼어 알고리즘은 양자 컴퓨터에서 실행할 수 있는 기술로, 이를 이용하면 지금보다 훨씬 빠르게 소인수분해를 처리할 수 있다.

---

* 비트코인을 이루는 핵심 기술 중 하나로, 다른 암호 방식에 비해 키의 사이즈는 더 짧으나 대등한 안전도를 가진다.
** 곡선이나 곡면 등의 기하학적 대상을 다항식 등의 대수적 성질을 이용해 다루는 분야

보험도, 연금도 통계가 중요하다
통계학

고등학교 수학에서는 '확률'과 '통계'를 함께 배웁니다. 확률과 통계의 기초적인 지식을 익히면 직관이나 어림짐작에 기대지 않고 어떤 일이든 합리적으로 판단하는 힘을 기를 수 있습니다.

확률은 통계의 기초가 되는 분야입니다. 확률이 아직 일어나지 않은 미래의 일을 수학에 기초해 예측하는 분야라면, 통계를 다루는 학문인 통계학은 실제로 일어난 일들을 조사해 수치화하거나 데이터화하고, 이를 바탕으로 분석하는 분야입니다.

보험에서 중요한 것은 확률이라고 했던 말, 기억나시나요? 통계학도 확률론 만큼이나 중요하며, 보험이나 보험 수학의 역사는 통계학의 역사와도 밀접하게 관련되어 있습니다.

통계학과 연금의
상관관계

통계학은 확률론과 마찬가지로 17세기에 시작되었습니다. 통계학의 창시자 가운데 하나로 꼽히는 사람이 영국의 부유한 상인이었던 존 그랜트(John Graunt)입니다.

그는 런던의 각 교회가 수집한 사망자 기록을 치밀하게 분석했습니다. 출생, 혼인, 사망의 집단적 법칙성을 발견하고, 1662년《사망표에 관한 자연적 및 정치적 제관찰(Natural and Political Observations Made upon the Bills of Mortality)》이라는 책을 출판했습니다. 이 책에서 그랜트는 사망자 100명 중 36명이 6세 이하의 어린이라고 밝혔습니다. 그 후 많은 학자들이 확률론과 함께 통계학의 방법론을 발전시켜 나갔습니다.

핼리 혜성의 궤도를 계산한 것으로 유명한 영국 천문학자이자 수학자이며, 동시에 지구물리학자인 에드먼드 핼리(Edmond Halley)는 세계 최초의 '생명표'를 논문으로 발표했습니다. 생명표란 '동일한 시대에 태어난 사람들이 나이가 들어감에 따라 연령별로 몇 세까지 살 수 있는가'를 계산해 정리한 표입니다.

핼리는 생명표를 바탕으로 연령별 보험료나 연금의 가치를 평가하는 계산식을 고안해 오늘날의 보험 사업이나 연금 운용의 기초를 마련했습니다. 또한, 영국 정부는 이 생명표를 이용해 구매자의 연령에 따라 적절한 가격으로 연금 서비스를 공급할 수 있었습니다. 이러한 예에서 알 수 있듯이 핼리의 생명표 발견은 인구통계학의 역사에서 중요한 사건으로 평가되고 있습니다.

이후 통계학은 여러 과학 분야의 중요한 기반이 되었습니다.

아 는 만 큼 보 이 는 MATH POINT

□ 확률은 아직 일어나지 않은 미래의 일을 예측하는 분야이고, 통계학은 실제로 일어난 일들을 조사해 수치화하거나 데이터화해 분석하는 분야이다.
□ 에드먼드 핼리의 생명표는 인간의 생명을 다룬 통계표로, 오늘날 보험과 연금의 토대가 되었다.

선거 출구조사는
몇 명에게 물어야 정확할까?
표본조사

통계학이 일상에서 활용되는 또 한 가지 예로 선거 속보가 있습니다. 선거 때 개표 방송을 보면 개표율이 10%도 되지 않았는데 '당선 확실'이 속보로 떠서 의아했던 경험이 있을 겁니다. 이런 예측이 가능한 이유는 출구 조사를 하기 때문입니다. 출구조사란 투표 당일 투표를 마치고 나온 유권자가 어느 후보에게 투표했는지 조사해 통계적으로 예측하는 것입니다.

유권자가 20만 명인 선거에서 1,000명을 대상으로 출구조사를 했다고 가정해 봅시다. 그중 A씨에게 투표한 사람이 600명이었습니다. 하지만 출구조사를 했던 지역이 유독 A씨를 지지하는 유권자가 많은 지역일 수도 있으므로, 이 결과만으로 'A씨

당선 확실'이라는 판단을 내릴 수 없습니다. 또, 같은 장소에서 비슷한 연령대의 사람들에게만 물어봤다면 데이터가 한쪽으로 치우쳐 있어 전체의 경향을 파악하기 어렵습니다.

최소한의 비용으로
정확한 결과를 아는 법

그렇다면 출구 조사는 몇 명에게 물어봐야 할까요? 한 명은 당연히 안 되겠지요. 20만 명 전원에게 물어보면 정확한 결과를 알 수 있겠지만 그러면 개표 작업과 다를 게 없습니다. 인원수가 많을수록 예측의 정확도는 높아지지만 그러기 위해서는 시간과 비용이 많이 듭니다. 가능한 한 최소 인원으로 정확한 결과를 예측하는 것이 가장 좋겠지요.

이런 경우에는 통계학의 표본조사를 통해 얻은 결과로 실제 개표 결과를 예측합니다. 표본조사란 전체(모집단)에서 일부의 표본(샘플)을 뽑아서 조사하는 것입니다. 선거 속보 방송에 나오는 출구조사가 바로 표본조사입니다.

표본조사는 어디까지나 일부 표본만을 조사하는 것이므로 반드시 오차(표본오차)가 발생합니다. 그러므로 통계학에서는 적정한 표본의 크기를 '어느 정도까지 오차를 허용할지를 정하고, 이를 고려한 값이 나오기 위해 필요한 표본 크기(표본조사로 조사하는 대상자의 수)를 계산'해 결정합니다.

표본조사는 선거 이외에도 시청률 조사, 제조공장의 제품 품질 조사 등의 넓은 분야에 쓰이고 있습니다.

📽️ 아 는 만 큼 보 이 는 **MATH POINT**

☐ 표본조사란 전체(모집단)에서 일부의 표본(샘플)을 뽑아서 조사하는 것으로, 출구
조사는 표본조사의 예시이다.
☐ 표본조사로 조사할 대상자의 수는 표본오차의 범위를 먼저 설정한 뒤, 이를 고려
한 값을 도출하기 위해 필요한 크기에 따라 결정된다.

숫자를 속여
정치인이 된 사람
게리맨더링

통계 데이터는 매우 객관적이고 정확한 것이라고 하지만, '통계 데이터에 속지 말라'는 경고도 심심찮게 들을 수 있습니다.

지금부터 200여 년 전, 미국에 엘브리지 게리(Elbridge Gerry)라는 정치인이 있었습니다. 그는 미국 독립 선언과 연합 규약의 서명 자 중 한 명으로 부통령까지 지낸 인물입니다. 1812년, 당시 매사 추세츠의 주지사로 있던 게리는 주 상원의원을 뽑는 선거에서 자 신이 속한 정당에 유리하도록 선거구를 조정했습니다. 이 때문 에 '게리맨더링(gerrymandering)' 또는 '게리맨더(Gerrymander)'의 어원 이 된 인물로도 유명합니다.

게리맨더링이란 반대당의 지지자들을 하나의 선거구에 집중시켜 가능한 한 많은 사표(死票, 선거 때 낙선한 후보자를 선택한 표)를 얻게 만들고, 자신이 속한 정당의 후보자는 최소한의 득표수로 당선될 수 있도록 선거구를 조정하는 행위를 뜻합니다.

자기 당에 유리하도록 원칙과 무관하게 멋대로 선거구를 고치는 것 또한 게리맨더링입니다. 게리맨더링이라고 불리는 이유는 새로 결정된 선거구의 부자연스러운 형태가 '샐러맨더(Salamander)'라는 전설 속의 도마뱀과 닮았기 때문이라고 합니다.

게리가 속한 정당은 선거구를 조정한 덕분에 매사추세츠 전체 주민 득표수에서는 반대당에 졌지만, 그들보다 더 많은 수의 상원의원 당선자를 배출할 수 있었습니다. 이것은 통계 데이터를 자신에게 유리한 것처럼 보이게 만드는 '통계 데이터의 함정'이라고 할 수 있습니다. 원래 통계 데이터는 무작위성이 보장되지 않으면 의미가 없습니다. 그런 점에서 게리맨더링은 통계 데이터의 허점을 교묘하게 파고든 것이었습니다.

최근에는 소셜 미디어를 이용해 여론을 조작하여 투표에 영향을 미치는 '디지털 게리맨더링'의 문제가 제기되면서 새로운 규제를 마련하기 위한 논의가 진행되고 있습니다.

📊 아 는 만 큼 보 이 는 MATH POINT

□ 통계 데이터의 함정이란 통계 데이터의 허점을 파고들어 자신에게 유리하도록 데이터를 조정하는 행위를 의미한다.

우연과 필연을
구별하는 방법
신뢰도

'신뢰구간'이라는 말을 들어본 적이 있나요? 신뢰구간이란 모집단의 '통계량(참값)'이 특정 확률로 포함될 것이라고 기대하는 값들의 구간을 의미합니다. 여기서 통계량이란 실제로 조사한 참값이며, 참값이 실제로 그 구간에 들어 있을 확률, 즉 신뢰구간이 적중할 확률을 '신뢰도'라고 합니다.

이때 신뢰도 100%라는 말은 '표본을 바꿔 100번의 추정을 해도 100%의 비율로 참값이 신뢰구간 안에 들어간다'는 의미입니다. 바꿔 말해 '신뢰도 95%의 신뢰구간'이라면 표본을 여러 번 추출해 신뢰구간을 구하면 그중 100번에 5번 정도는 참값을 포함하지 않는 구간이 나올 수 있다는 뜻입니다(170쪽 그림).

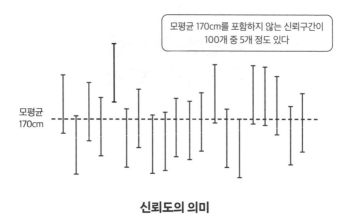

신뢰도 95%의 경우

모평균 170cm를 포함하지 않는 신뢰구간이 100개 중 5개 정도 있다

모평균
170cm

신뢰도의 의미

 한 나라 국민의 평균 신장(모평균)이 170cm라고 생각해 봅시다. 이때 무작위로 뽑은 100명의 신장에서 95% 신뢰구간을 산출하는 실험을 100번 진행합니다. 그러면 신뢰구간 100개 중 5개 정도는 모평균인 170cm를 포함하지 않을 것입니다.

 통계를 내는 목적은 본래 어떤 집단이나 현상의 특성을 알아내기 위한 것입니다. 만약 '어떤 섬에 사는 나비가 다른 곳에 사는 같은 종류의 나비보다 크다'라는 추측이 맞는지 확인해 보려면 어떻게 해야 할까요?

 종류가 같은 나비라도 크기는 저마다 조금씩 다릅니다. 그러므로 그 섬에 사는 나비 몇 마리의 크기를 조사하여 평균값을 냅니다. 이때 다른 곳에 사는 같은 종류의 나비들보다 크기의 평

아는 만큼 보이는 세상 | 수학 편

균값이 크다고 해서 단순히 '그 섬에 사는 나비는 크다'라고 말할 수 있을까요?

그 섬에 사는 나비의 크기를 모두 조사해서 평균값을 낸다면 그렇게 말할 수 있겠지만, 실제로 그러기는 어렵습니다. 따라서 조사한 몇몇의 나비가 우연히 컸는지, 정말 모든 나비가 큰지는 알 수 없습니다. 그래서 통계학을 사용하는 것입니다.

어렵지만
중요한 통계학

통계학은 어렵기로 소문난 분야이지만, 그런 만큼 연구도 활발하게 이루어져 최근 가장 눈부시게 발전한 분야이기도 합니다. 통계학이 발전하면서 실험과 관측, 조사를 통해 얻은 데이터를 보다 정확하게 해석하게 되었다는 점도 참 흥미롭습니다. 통계학을 좀 더 알고 싶은 마음이 생긴다면 꼭 공부해 보기를 바랍니다.

아 는 만 큼 보 이 는 MATH POINT

☐ 통계에서 신뢰도는 어떠한 값이 알맞은 모평균이라고 믿을 수 있는 정도를 의미한다.

수학자는 왜
혈액형 점을 싫어할까?
혈액형과 확률

여러분은 혈액형 점을 믿나요? 혈액형의 종류는 A형, B형, O형, AB형 네 가지입니다. 남녀 혈액형의 조합은 '남성이 A형이고 여성도 A형, 남성이 A형이고 여성은 B형…'과 같은 식으로 총 16가지(4×4=16)가 있다는 것을 알 수 있습니다. 혈액형 점을 다룬 글을 보면 흔히 '혈액형별 궁합 랭킹 베스트 3'이나 '워스트 3'과 같은 내용이 소개되므로, 좋아하는 상대와 궁합을 찾아보고서 기뻐하거나 실망하는 사람이 많을 것 같습니다. 이러한 혈액형 궁합은 'B형 남성은 감수성이 뛰어나지만, 자기중심적인 면이 강하다'거나 'O형 여성은 남을 돌보기 좋아하지만 질투심이 강하다'라는 등 혈액형의 종류에 따라 성격이 결정된다는 생각에 바탕을 두고 있습니다.

하지만 수학자들 중에 혈액형 점을 믿는 사람은 별로 없을 듯합니다. 수학자들은 점에는 별 관심이 없는 현실주의자라서 그런 것이 아니라, 혈액형이 정해지는 원리를 확률로 설명할 수 있기 때문입니다.

혈액형과
확률의 관계

태어나는 아이의 혈액형은 아버지와 어머니의 혈액형에 따라 생물학적으로 결정됩니다. 저희 가족을 예로 들어 보겠습니다. 제 부모님의 혈액형은 모두 B형입니다. 저에게는 여동생이 한 명 있는데, 저도 여동생도 혈액형은 모두 O형입니다. 이 의미를 수학의 확률을 이용해 설명해 보겠습니다.

A형과 B형인 사람에게는 각각 2가지 유전자형이 있습니다. A형이라면 AA형과 AO형, B형이라면 BB형과 BO형입니다. 반면, AB형의 경우는 AB형 1가지, O형의 경우도 O형의 1가지가 됩니다. A와 B는 우성 유전, O형은 열성 유전이므로, AO형의 경우 A형으로, BO형의 경우 B형이 되는 것입니다. 즉, 혈액의 유전자형은 AA, AO, BB, BO, AB, OO로 총 6종류가 있습니다.

따라서 저희 부모님은 BB형 또는 BO형 중 하나입니다. 여기서 아버지와 어머니 모두 BB형이라고 가정해 보겠습니다. 자녀는 부모에게 유전자를 하나씩 물려받기 때문에 태어나는 아이는 모두 BB형, 즉 B형이 됩니다.

아버지와 어머니가 BB형과 BO형인 조합일 경우 태어나는 아이의 혈액형은 어떻게 될까요? BB형과 BO형을 조합하면 2×2=4, 즉 네 가지를 생각할 수 있는데, 이 중 겹치는 것을 정리하면 BB형과 BO형의 유전자형이 각각 두 가지 있으므로, 태어나는 아이의 혈액형은 모두 B형이 됩니다.

아버지와 어머니가 BO형과 BO형의 조합인 경우, 자녀에게 나올 수 있는 유전자형은 BB형 한 가지, BO형 두 가지, OO형 한 가지 중 하나가 됩니다. 따라서 자녀에게서 나올 수 있는 혈액형은 B형(BB형과 BO형)과 O형(OO형) 두 가지입니다.

여기서 주목할 부분이 확률입니다. B형일 경우의 조합은 네 가지 중 세 가지, O형일 경우는 네 가지 조합 중 한 가지이므로, 모든 패턴이 동일한 확률이라고 가정할 때 B형 아이가 태어날 확률은 75%, O형 아이가 태어날 확률은 25%입니다. 즉, 저희 부모님의 혈액형은 둘 다 BO형이며, 저와 여동생 모두 O형이 될 확률은 6.25%(25%×25%)밖에 되지 않습니다.

저와 여동생 둘 다 O형이 되는 경우는 매우 드문 사례임을 알고 기뻐했던 기억이 납니다. 여러분도 부모님의 혈액형을 바탕으로 자신이나 형제의 유전자형을 생각해 보세요. 의외의 발견이 있을지도 모릅니다.

세대를 거듭해도
비율은 일정하다

이처럼 혈액형 유전은 엄밀한 생물학적 규칙을 따르고 있습니다. 그러면 부모에서 자녀 세대로, 자녀에서 손자 세대로 세대가 지나면 어떻게 될까요?

먼저, AA:AO:BB:BO:AB:OO의 인구 비율이 1:1:1:1:1:1로 어느 한쪽에 쏠리지 않은 이상적인 경우를 생각해 보겠습니다. 다만, A형:B형:AB형:O형=AA+AO:BB+BO:AB:OO=2:2:1:1과 같이 혈액형 각각의 비율은 같지 않다는 점을 주의해 주세요.

각 유전자형의 부부(제1세대)가 자녀를 네 명 낳을 경우, 자녀 세대에서 가능한 모든 유전자 조합(2×2=4)이 나타난다고 해 봅시다. 이때 제2세대인 네 명의 자녀들의 유전자형은 176쪽의 표와 같습니다. 이것을 실제로 세어 보면 자녀의 유전자형 비율은 AA:AO:BB:BO:AB:OO=16:32:16:32:32:16=1:2:1:2:2:1입니다. 따라서 A형:B형:AB형:O형=3:3:2:1이 됩니다.

이와 똑같은 방식으로 제2세대 자녀가 다시 네 명의 자녀를 낳을 경우, 제3세대 자녀의 유전자형 비율은 AA:AO:BB:BO:AB:OO = 36:72:36:72:72:36=1:2:1:2:2:1, 즉 A형:B형:AB형:O형=3:3:2:1이

자손 세대의 혈액형 비율

제2세대

		A				B				AB		O	
		AA		AO		BB		BO		AB		OO	
A	A	AA	AA	AA	AO	AB	AB	AB	AO	AA	AB	AO	AO
	A	AA	AA	AA	AO	AB	AB	AB	AO	AA	AB	AO	AO
	A	AA	AA	AA	AO	AB	AB	AB	AO	AA	AB	AO	AO
	O	AO	AO	AO	OO	BO	BO	BO	OO	AO	BO	OO	OO
B	B	AB	AB	AB	BO	BB	BB	BB	BO	AB	BB	BO	BO
	B	AB	AB	AB	BO	BB	BB	BB	BO	AB	BB	BO	BO
	B	AB	AB	AB	BO	BB	BB	BB	BO	AB	BB	BO	BO
	O	AO	AO	AO	OO	BO	BO	BO	OO	AO	BO	OO	OO
AB	A	AA	AA	AA	AO	AB	AB	AB	AO	AA	AB	AO	AO
	B	AB	AB	AB	BO	BB	BB	BB	BO	AB	BB	BO	BO
O	O	AO	AO	AO	OO	BO	BO	BO	OO	AO	BO	OO	OO
	O	AO	AO	AO	OO	BO	BO	BO	OO	AO	BO	OO	OO

제3세대

		A						B						AB				O	
		AA		AO		AO		BB		BO		BO		AB		AB		OO	
A	A	AA	AA	AA	AO	AA	AO	AB	AB	AB	AO	AB	AO	AA	AB	AA	AB	AO	AO
	A	AA	AA	AA	AO	AA	AO	AB	AB	AB	AO	AB	AO	AA	AB	AA	AB	AO	AO
	A	AA	AA	AA	AO	AA	AO	AB	AB	AB	AO	AB	AO	AA	AB	AA	AB	AO	AO
	O	AO	AO	AO	OO	AO	OO	BO	BO	BO	OO	BO	OO	AO	BO	AO	BO	OO	OO
	A	AA	AA	AA	AO	AA	AO	AB	AB	AB	AO	AB	AO	AA	AB	AA	AB	AO	AO
	O	AO	AO	AO	OO	AO	OO	BO	BO	BO	OO	BO	OO	AO	BO	AO	BO	OO	OO
B	B	AB	AB	AB	BO	AB	BO	BB	BB	BB	BO	BB	BO	AB	BB	AB	BB	BO	BO
	B	AB	AB	AB	BO	AB	BO	BB	BB	BB	BO	BB	BO	AB	BB	AB	BB	BO	BO
	B	AB	AB	AB	BO	AB	BO	BB	BB	BB	BO	BB	BO	AB	BB	AB	BB	BO	BO
	O	AO	AO	AO	OO	AO	OO	BO	BO	BO	OO	BO	OO	AO	BO	AO	BO	OO	OO
	B	AB	AB	AB	BO	AB	BO	BB	BB	BB	BO	BB	BO	AB	BB	AB	BB	BO	BO
	O	AO	AO	AO	OO	AO	OO	BO	BO	BO	OO	BO	OO	AO	BO	AO	BO	OO	OO
AB	A	AA	AA	AA	AO	AA	AO	AB	AB	AB	AO	AB	AO	AA	AB	AA	AB	AO	AO
	B	AB	AB	AB	BO	AB	BO	BB	BB	BB	BO	BB	BO	AB	BB	AB	BB	BO	BO
	A	AA	AA	AA	AO	AA	AO	AB	AB	AB	AO	AB	AO	AA	AB	AA	AB	AO	AO
	B	AB	AB	AB	BO	AB	BO	BB	BB	BB	BO	BB	BO	AB	BB	AB	BB	BO	BO
O	O	AO	AO	AO	OO	AO	OO	BO	BO	BO	OO	BO	OO	AO	BO	AO	BO	OO	OO
	O	AO	AO	AO	OO	AO	OO	BO	BO	BO	OO	BO	OO	AO	BO	AO	BO	OO	OO

됩니다.

놀랍게도 제2세대와 제3세대의 혈액형 비율이 서로 동일한 것입니다. 즉, 모든 유전자 조합이 나타나는 네 명의 자녀를 계속 낳는다는 조건이 성립된다면 혈액형의 비율은 세대를 거듭해도 일정하게 유지됩니다.

🖥️ 아 는 만 큼 보 이 는 MATH POINT

☐ 혈액형의 종류에는 AA, AO, BB, BO, AB, OO로 총 6가지가 있으며, 확률을 통해 부모와 자녀의 혈액형을 추측해 볼 수 있다.

인류는 원래
O형밖에 없었다?
혈액형의 역사

지금까지 혈액형의 유전 법칙을 수학적으로 살펴보았습니다. 앞에서 알아본 유전 법칙과는 달리 국가나 민족별 혈액형은 서로 다른 비율을 보입니다. 현재 일본인의 경우 각 혈액형이 차지하는 비율은 A형 39%, O형 29%, B형 22%, AB형 10%입니다. 즉, A형:B형:AB형:O형=4:2:1:3이며 앞의 계산 결과와 다릅니다. 게다가 이 비율은 나라마다 상당히 다릅니다.

예를 들어, 미국의 백인은 O형이 45%로 가장 많고, 그다음으로 A형이 42%, B형은 10%, AB형이 3%입니다. 멕시코의 경우 O형이 84%로 대부분을 차지하고, A형이 11%, B형이 4%, AB형이 1%로 그 뒤를 잇습니다. 반면, 프랑스는 A형이 47%, O형이 43%, B형은 7%, AB형이 3%로 구성됩니다.

A형이나 O형의 비율이 비교적 높고 혈액형의 비율이 고르지 않기 때문인지 외국에서는 혈액형과 그 사람의 성격을 연관 지어 생각하는 경우가 거의 없고, 혈액형 점이나 혈액형에 따른 성격 진단 같은 것도 없습니다. 무엇보다 자신의 혈액형이 무엇인지 모르는 사람도 많습니다.

혈액형의 비율은
국가별로 차이가 있다

왜 국가에 따라 혈액형의 비율이 달라지는 걸까요? 오래된 가설 중에 인류의 역사와 관련된 한 가지 이야기를 소개하겠습니다. 이 가설에 따르면 인류의 원래 혈액형은 모두 O형이었다고 합니다.

기원전 2만 5000년~1만 5000년경에 아프리카 대륙을 떠나 아시아 대륙으로 건너온 인류는 농경을 시작했고, 음식이 달라지면서 장내 세균도 변화했습니다. 그 장내 세균이 가지고 있던 유전자에 의해 A형 혈액형을 가진 사람이 등장했다고 합니다.

기원전 1만 년경에 히말라야 산악지대로 이동한 인류는 유목 생활을 하며 주 식량으로 삼았던 유제품을 분해하기에 적합하도록 장내 세균이 변화했고, 그 장내 세균이 가지고 있던 유전자에 의해 B형 혈액형을 가진 사람이 탄생했다고 합니다. 그러다가 시간이 지나면서 A형과 B형 사이에서 AB형이 나타난 것입니다.

또한, 감염병 등의 영향으로 국가나 지역에 따라 차이가 생겨 현재와 같은 비율이 되었다고 합니다. 즉, 수학적으로는 O형 아이가 태어날 확률이 가장 낮지만, 실제로는 그렇지 않은 이유는 이러한 생물학적, 인류학적 배경이 있기 때문이라고 합니다.

🎨 아 는 만 큼 보 이 는 MATH POINT

☐ 혈액형의 비율은 각 국가별, 인종별로 차이가 있다.

4

수학자와
친해지면
수학자처럼
생각할 수 있을까?

· 상식 Level Up ·

우리가 몰랐던
피타고라스의 비밀
피타고라스
Pythagoras

출신: 그리스 **|** **출생**: 기원전 580년경 **|** **사망**: 기원전 490년경

    오늘날 중요한 의미를 차지하는 연구 성과를 남긴 수학자들 중에는 어딘가 현실과 동떨어진 별난 사람도 있습니다. 괴짜라고 불러도 손색이 없을 정도입니다. 그러나 수학자들의 이러한 모습을 알면 친근감과 인간적인 매력을 느낄 수 있을 겁니다 .

    피타고라스는 누구나 아는 '피타고라스 정리'를 만든 고대 그리스 수학자입니다. 기원전 530년경, 이탈리아 남부의 크로톤이라는 마을에서 피타고라스의 사상을 따르는 많은 제자와 함께 피타고라스 교단이라 불리는 공동체를 만들었습니다. 만물이 수로 이루어져 있다고 믿었던 피타고라스는 수비술(수를 이용한 점술)의 기초를 닦는 등 상당히 종교적인 인물이었습니다. 피

타고라스가 만든 공동체도 일종의 종교 단체라고 볼 수 있습니다. 피타고라스 교단의 신자 수는 수백 명에 이르렀으며, 수학 외에도 천문학, 철학, 종교, 음악 등 여러 분야를 연구했다고 합니다.

피타고라스라고 하면 아마 대부분 피타고라스 정리만이 떠오를 것입니다. 그러나 그 밖에도 삼각형 내각의 합이 180도가 됨을 증명하거나, 정다면체(각 면이 서로 합동인 정다각형으로 이루어지고, 각 꼭짓점에 모인 면의 개수가 같은 입체도형)는 정사면체, 정육면체, 정팔면체, 정십이면체, 정이십면체 등 다섯 종류밖에 없다는 것을 발견했습니다.

수학과 음악의
관계를 발견하다

피타고라스는 소리와 정수가 깊은 관련이 있다는 사실도 밝혔습니다. 악기에 달린 길이가 서로 다른 현을 튕겨 보다가, 현의 길이가 2분의 1로 줄면 한 옥타브 높은 소리가 난다는 사실을 알아낸 것입니다. 더 나아가 두 현을 튕길 때 현의 길이의 비가 2:1이나 4:3, 3:2 등 간단한 정수를 이루면 아름다운 화음을 만들어 낸다는 사실도 발견했습니다.

처음으로 지구의 크기를
알아낸 사람은 누구일까?

에라토스테네스
Eratosthenes

출신: 그리스 **ǀ 출생:** 기원전 274년경 **ǀ 사망:** 기원전 196년경

에라토스테네스는 수학과 천문학에서 큰 업적을 남긴 고대 그리스의 학자입니다. 고대 그리스 최고의 수학자이자 천문학자인 아르키메데스와 친한 친구이기도 했습니다.

그는 '에라토스테네스의 체'라는 소수를 찾는 방법을 발견한 것으로도 유명합니다. 이는 인류 역사상 가장 오래된 알고리즘으로 알려져 있습니다. 에라토스테네스의 체란 소수는 남기고 소수의 배수는 차례로 지우는 방법인데, 마치 체로 치듯이 수를 걸러 낸다고 해서 이런 이름이 붙었습니다.

순서는 다음과 같습니다. 먼저, 자연수를 1부터 순서대로 나열하고, 소수가 아닌 1을 지웁니다. 그리고 가장 작은 소수인 2

는 남기고, 2의 배수는 모두 지웁니다. 그다음 남은 자연수 중 가장 작은 소수인 3을 남기고, 3의 배수를 모두 지웁니다. 마찬가지로 5를 남기고 5의 배수를 모두 지우고, 7을 남기고 7의 배수를 모두 지우고, 11을 남기고 11의 배수는 모두 지우는 식으로 차례차례 소수의 배수를 지우면 마지막에 소수만 남습니다.

에라토스테네스가 발견한 이 방법은 단순하고 매우 원시적으로 보입니다. 그러나 2,000년이 넘은 지금도 이보다 나은 방법은 아직 발견되지 않았습니다.

현재 세계 각국이 슈퍼컴퓨터를 이용해 새로운 소수를 찾기 위한 경쟁을 펼치고 있지만, 에라토스테네스의 체는 지금도 가장 빠른 속도로 소수를 찾는 알고리즘으로 사용합니다. 어떻게 2,000년 전에 이런 기막힌 생각을 했을까 싶어 감탄이 절로 나옵니다.

플라톤을
넘어서지 못한 천재

에라토스테네스의 또 다른 중요한 업적은 처음으로 지구의 크기를 측정했다는 점입니다. 그는 위도와 경도를 이용해 거리를 정확하게 나타내는 지도를 만들기 위해 지구의 크기를 측정했다고 합니다. 측정 오차가 10% 정도라고 하니 상당히 정확하게 계산한 것입니다. 이처럼 정확한 측정은 지구가 둥글다는 사실이나 태양빛이 지구를 향해 평행하게 들어온다는 사실을 알지 못하면 불가능한 일이므로, 이 무렵 이미 인류는 고도의 지식을 가지고 있었음을 알 수 있습니다.

에라토스테네스와 관련된 이야기 중에 재미있는 것은 그가 '베타'라는 별명으로 불렸다는 일화입니다. 에라토스테네스는 여러 분야에 걸쳐 뛰어난 지식을 가지고 있었지만, 플라톤(알파)을 넘어서지는 못해 '제2의 플라톤', 즉 세상에서 플라톤 다음으로 두 번째로 아는 것이 많은 사람이라는 의미에서 베타라고 불렸다고 합니다.

'페르마의 마지막 정리'가
유명한 이유
피에르 드 페르마
Pierre de Fermat

출신: 프랑스 | **출생:** 1601년 | **사망:** 1665년

페르마는 프랑스 남부의 툴루즈 지방의 의원이자 법조인이었습니다. 여가에 취미로 수학을 공부한 아마추어 수학자이기도 했습니다. 앞에서도 등장한 '페르마의 마지막 정리'로 유명해서, 수학에 별 관심이 없는 사람들도 페르마란 이름은 한 번쯤 들어 보았을 것입니다.

그는 자신이 즐겨 읽던 《아리스메티카(Arithmetica)》라는 수학책의 여백에 문득 떠오른 생각이나 문제를 적어 놓곤 했습니다. 페르마가 남긴 문제들은 후대의 여러 수학자에 의해 차례로 풀렸지만, 마지막까지 풀리지 않았던 최고의 난제가 페르마의 마지막 정리였습니다. 페르마는 페르마의 마지막 정리와 함께 "나

는 경이로운 방법으로 이 정리를 증명했다. 하지만 책의 여백이 너무 좁아 여기에 옮기지 않겠다"라는 의미심장한 말을 남겼습니다.

이 수학 역사상 최고의 난제는 처음 제시된 뒤 약 350년 동안 많은 수학자를 괴롭혔습니다. 1994년, 마침내 영국의 수학자 앤드루 와일즈(Andrew Wiles)가 증명하는 데 성공했습니다. 그런데 와일즈가 페르마의 마지막 정리의 증명에 이용한 '타원곡선' 이론은 페르마가 살았던 시대에는 아직 발견되지 않았던 이론입니다. 그 때문에 수학자들은 페르마가 이 정리를 다른 방법으로 증명했거나 증명이 불가능했을 것으로 추측하고 있습니다.

IT 사회를 지탱하는 '페르마의 소정리'

앞에서 소개했다시피 '페르마의 소정리'는 RSA 암호의 토대이기도 합니다. 페르마의 소정리란 'p가 소수이고 a가 p의 배수가 아닐 때, a^{p-1}에서 1을 뺀 수는 p로 나누어떨어진다'라는 정리입니다. 금방 이해하기 어려울 것 같아 구체적인 예를 들어 설명하겠습니다.

예를 들어, p=5이고 a가 1, 2, 3, 4일 때, $a^{p-1}-1$을 계산해 봅시다. $1^4-1=0$, $2^4-1=15$, $3^4-1=80$, $4^4-1=255$이므로, 모두 5로 나눴을

때 나누어떨어진다는 것을 확인할 수 있습니다. RSA 암호는 이러한 소수의 성질을 이용해 만들어졌습니다.

페르마의 마지막 정리는 수학의 근원적 발전이라는 점에서 의미가 있으나 아직 우리의 실생활에는 거의 도움이 안 됩니다. 반면, 페르마의 소정리는 IT 사회의 근간을 지탱하는 매우 중요한 정리이고, 고등학생 정도면 증명이 가능한 간단한 정리이므로 잘 기억해 두면 좋겠습니다.

아는 만큼 보이는 세상 | 수학 편

중력은 발견해도
돈은 못 끌어온 사람
아이작 뉴턴
Isaac Newton

출신: 영국 **│ 출생:** 1642년 **│ 사망:** 1727년

뉴턴은 가장 위대한 과학자로 꼽히지만, 수학자라기보다는 물리학자라고 생각하는 사람이 훨씬 더 많을 것 같습니다. 사과나무에서 떨어지는 사과를 보고 '만유인력의 법칙'을 발견했다는 이야기는 초등학생들도 들어보았을 테고요.

그는 1665년 6월부터 1667년 1월까지 1년 반 동안 '뉴턴의 3대 발견'이라고 불리는 발견을 했습니다. 그중 하나가 만유인력의 법칙이고, 나머지 두 가지가 '빛의 입자설'과 '미적분'입니다.

이 시기 런던에서 흑사병이 크게 유행하면서 뉴턴이 다니던 케임브리지 대학이 잠시 폐쇄되어 뉴턴은 고향인 울즈소프로 돌아와 있었습니다. 뉴턴이 고향에 머물며 3대 발견을 이룬 이

1년 반의 기간을 '창조적 휴가'라고 부릅니다.

사람들의 광기는
계산할 수 없다

이번에 소개할 일화는 뉴턴이 투자에는 크게 실패했던 이야기입니다.

당시 영국에서는 주식 시장이 급속히 발전하면서 많은 사람이 주식 거래에 열을 올리고 있었습니다. 그러던 중 1720년에 '남해회사 버블 사건'이 발생합니다. 간단히 말하면 남해회사(당시 영국 재정을 살리기 위해 노예 무역을 목적으로 설립된 회사)의 주식을 둘러싼 투기 사건인데, 여기서 '버블'이란 거품을 뜻하며 거품 경제의 어원이 된 사건이기도 합니다.

남해회사는 영국 정부의 부채 일부를 인수하는 대신 남해라고 불리는 남아메리카 지역의 무역을 독점하는 특혜를 얻었습니다. 이로써 남해회사의 주가가 치솟으면서 주식 시장은 투기 광풍에 휩싸였습니다. 그러다가 1720년 8월 영국 정부의 관료들이 남해회사의 주식을 매각하면서 주가가 떨어지기 시작했고, 곧 폭락하고 맙니다.

뉴턴도 이때 남해회사 주식에 투자한 2만 파운드, 현재 가치로 환산하면 440만 파운드(약 68억 원)의 재산을 잃었습니다. 이처럼 엄청난 손실을 본 뒤 뉴턴은 "나는 천체의 움직임은 계산할 수 있지만, 사람들의 광기는 계산할 수 없다"라는 말을 남겼습니다. 천재 수학자이자 과학자인 뉴턴도 투자에는 큰 재능이 없었던 것입니다.

결투로 요절한
천재 수학자
에바리스트 갈루아
Évariste Galois

출신: 프랑스 | 출생: 1811년 | 사망: 1832년

갈루아는 20대에 요절한 천재 수학자입니다. 지금은 수학 시간에 당연하게 사용하는 집합이라는 개념이 아직 없던 시대에 '군'이라는 집합의 개념을 세계 최초로 생각해 냈습니다. 이 이론은 '갈루아의 이론'이라고 불립니다.

갈루아의 이론은 보통 대학 3학년쯤 배우는데, 대학 3학년이면 스물한두 살쯤이지요. 갈루아는 이 이론을 지금의 대학 3학년보다 더 어린 10대 말에 확립했는데, 이런 이야기를 듣고 나면 수학과 학생들은 좌절감에 빠지곤 합니다. 중학교 수학에서는 이차방정식의 '근의 공식'을 배웁니다만, 갈루아는 갈루아의 이론을 바탕으로 오차 이상의 방정식에서는 '근의 공식'이 없다

는 것을 증명했습니다.

갈루아는 부유한 집안에서 태어났는데, 아버지는 작은 도시의 시장이었고 어머니는 파리 대학 교수의 딸이었다고 합니다. 갈루아는 12세가 될 때까지 어머니에게 교육을 받으며 자랐습니다. 그리고 12세에 파리의 명문 리세 루이 르 그랑에 입학했습니다.

15세에는 갈루아의 인생을 크게 좌우하는 결정적 만남이 있었습니다. 바로 수학이었습니다. 우연히 프랑스의 수학자 아드리앵 마리 르장드르(Adrien Marie Legendre)가 쓴 《기하학 원론(Éléments de géométrie)》을 접한 갈루아는 이를 단 이틀 만에 독파하고 내용도 이해했다고 합니다. 이 책은 수학자들이 2년에 걸쳐 읽도록 쓰인 전문 서적이었습니다.

16세에는 수학을 전문적으로 공부하기 위해 프랑스 최고의 공학계열 고등교육기관인 에꼴 폴리테크니크의 입학시험에 응시했습니다. 그러나 아쉽게도 불합격하여 리세로 돌아와 자신을 이해해 주는 교사의 지도 아래, 독자적인 연구를 이어 나갑니다. 이때 가우스 등 당시 수학계를 이끌던 수학자들의 주요 논문을 연구하며 자신의 이론을 세워 논문을 쓰게 되는데, 이것이 현재 갈루아의 이론의 출발점이었습니다.

갈루아의 논문은 리세의 수학 교사를 통해 프랑스 과학 아카데미의 심사위원 중 한 명인 수학자 오귀스탱 루이 코시(Augustin

Louis Cauchy)에게 전달되었습니다. 그러나 코시가 갈루아의 논문을 잃어버리면서 논문은 발표되지 못했습니다.

갈루아가 살았던 시대는 한창 프랑스 혁명이 불붙은 시기였습니다. 이런 가운데 1829년 갈루아의 아버지가 정치적 음모에 휘말려 자살하고 맙니다. 갈루아는 깊은 슬픔을 억누르며 에꼴 폴리테크니크에 다시 응시하지만, 또다시 불합격 통지를 받았습니다. 어쩔 수 없이 다른 고등교육기관인 에꼴 노르말에 입학하지만, 학교생활에 제대로 적응하지 못했습니다. 그래서 점점 더 수학의 늪에 빠져들게 된 것입니다.

그리고 예전에 코시가 잃어버린 논문을 다시 정리하여 과학아카데미에 제출했습니다. 그런데 또다시 불운이 훼방을 놓았습니다. 이번에는 심사를 맡은 장 밥티스트 조제프 푸리에(Jean Baptiste Joseph Fourier)가 갈루아의 논문을 검토하기 위해 자택으로 가지고 갔다가 갑자기 사망했고, 갈루아의 논문까지 사라졌다고 합니다.

결투 전 남긴
편지

이후 갈루아는 7월 혁명(1830년 파리에서 일어난 부르주아 혁명)에 가담해 과격한 정치 활동을 벌였습니다. 이로 인해 에꼴 노르말에서 퇴학당하고 심지어 감옥에 투옥되기도 했습니다.

가석방된 지 두 달 만인 1832년 5월 30일, 사귀던 여성을 두고 연적과 결투를 벌였다가 21세라는 젊은 나이에 목숨을 잃고 말았습니다. 결투 전날 밤 죽음을 예감한 갈루아는 친구에게 "나는 이제 시간이 없다"라는 말과 함께 그동안 연구한 수학 이론을 편지에 담아 보냈습니다.

갈루아가 죽은 뒤 그가 남긴 편지와 여러 수학 관련 자료가 세상에 공개되면서 갈루아의 이론은 본격적으로 연구되기 시작했으며, 50여 년이 지난 후 현대 수학의 기초가 되었습니다. 만약 그가 21세라는 젊은 나이에 생을 마감하지 않았다면 갈루아의 이론은 더 일찍 확립되었을 것이며, 그보다 몇 배나 더 새로운 이론을 구축했을지도 모릅니다. 갈루아의 불운했던 삶이 정말로 안타깝습니다.

택시 번호판에도
수학이 숨어 있다?
스리니바사 라마누잔
Srinivasa Ramanujan

출신: 인도 ┃ **출생:** 1887년 ┃ **사망:** 1920년

라마누잔은 거의 독학으로 수학을 공부한 인도의 천재 수학자입니다. 남인도의 쿰바코남에서 자라난 그는 어린 시절부터 수에 남다른 재능을 보였습니다.

라마누잔은 15세일 때 영국의 수학자 조지 슈브리지 카(George Shoobridge Car)의 저서 《순수수학과 응용수학의 기초결과 개요(A Synopsis of Elementary Results in Pure and Applied Mathematics)》를 운명적으로 만납니다. 이 책은 학생들을 위한 수학 공식집으로, 약 6,000개의 정리와 공식이 나열되었음에도 대개 설명이나 증명은 따로 실려 있지 않았습니다.

라마누잔은 이 내용을 확인하는 데 몰두했습니다. 책에 실린

정리와 공식을 확인하는 과정에서 새로운 정리와 공식을 발견하기도 했습니다. 라마누잔은 자신의 정리와 공식을 만들고 증명 없이 노트에 적었습니다. 노트에 적힌 정리와 공식 중에는 이미 알려진 내용도 있었지만, 라마누잔이 독자적으로 발견한 완전히 새로운 것도 많이 포함되어 있었습니다. 그 수는 무려 3,254개에 달합니다.

라마누잔이 어떻게 많은 정리와 공식을 발견할 수 있었는지는 여전히 큰 수수께끼로 남아 있지만, 스스로는 "모든 것은 매일 기도를 올리고 있는 나마기리 여신 덕분"이라고 말했습니다. 이런 일화 때문인지, 흔히 사람들은 수학자들이 기발한 정리나 공식을 신의 계시처럼 문득 머릿속에 떠올릴 것이라고 오해하곤 합니다. 그러나 새로운 정리와 공식의 발견은 대부분 몇 년에 걸쳐 착실하게 연구한 결과로써 도출됩니다. 실제로 라마누잔도 방대한 양의 계산과 숙고를 거쳤을 가능성이 큽니다.

어느 날 자신의 연구 결과를 검증받고 싶었던 라마누잔은 그동안 연구해 온 것들을 정리해 영국의 몇몇 저명한 수학자들에게 편지를 보냈습니다. 하지만 대부분 자국의 식민지였던 인도의 보잘것없는 청년이 보낸 편지를 무시해 버렸습니다.

라마누잔은 포기하지 않고 자신이 최근에 읽은 논문의 저자에게 스스로 발견한 정리와 공식 중 52개를 뽑아 편지와 함께 보냈습니다. 수신자는 케임브리지 대학 교수인 고드프리 해럴드 하디(Godfrey Harold Hardy)였습니다. 당시 35세의 젊은 나이로 수학계에 명성을 떨치고 있던 하디는 라마누잔의 비상한 재능을 알아보고, 그를 케임브리지 대학 트리니티 칼리지로 불러들여 전대미문의 공동 연구를 시작했습니다.

라마누잔과 하디의 공동 연구 중 큰 성과를 하나 들자면 '분할수의 근사 공식'이 있습니다. 분할수란 어떤 자연수를 자연수의 덧셈으로 나타내는 방법의 개수를 말합니다. 예를 들어, 자연수 '4'는 4, 3+1, 2+2, 2+1+1, 1+1+1+1과 같이 5가지 방법으로 나타낼 수 있습니다. 따라서 4의 분할수는 5입니다. 이 예는 초등학생도 이해할 만큼 간단하지만, 주어진 자연수가 클수록 분할수의 값은 급속히 커집니다. 수학자들은 임의의 자연수에 대한 분할수를 구하는 공식을 찾기 위해 오랫동안 노력해 왔습니다.

라마누잔과 하디는 이 어려운 문제에 도전했고, 마침내 분할수의 근삿값을 구하는 공식을 찾아냈습니다. 만약 하디가 라마누잔의 천재성을 알아보지 못했다면 라마누잔이 수학의 역사에 등장하는 일은 결코 없었을 것입니다. 그런 뜻에서 라마누잔을 영국으로 초청한 하디의 행동력에 진심으로 큰 박수를 보내고 싶습니다.

이러한 성과가 나오기 시작할 무렵, 라마누잔의 몸 상태는 급격히 나빠졌습니다. 영국의 추운 날씨에 적응하지 못한 데다, 종교적 이유로 채식주의자였던 그는 전쟁으로 물자가 부족해지자 식사조차 제대로 하지 못해 영양실조와 폐결핵에 걸렸습니다. 병이 깊어진 라마누잔은 영국 생활을 끝내고 인도로 귀국했지만, 결국 건강을 회복하지 못하고 이듬해 32세의 젊은 나이에 생을 마감했습니다.

택시에서 발견한 특별한 수

라마누잔에 관해 이야기할 때 '택시번호'에 관한 일화는 빠지지 않고 등장합니다. 라마누잔이 폐결핵으로 병원에 입원해 있을 때 하디가 병문안을 왔습니다. 뭐라고 위로해야 할지 몰랐던 하디는 자신이 타고 온 택시 이야기를 꺼냈습니다. "내가 탄 택시번호가 1729였어요. 참 재미없는 숫자이지요" 그러자 라마누잔은 이렇게 대답했습니다. "그렇지 않아요. 1729는 대단히 흥미로운 수입니다. 두 개의 세제곱의 합을 두 가지 방법으로 나타낼 수 있는 가장 작은 수잖아요" 실제로 $1729=1^3+12^3=9^3+10^3$, 두 가지 방법으로 나타낼 수 있습니다.

라마누잔의 천재적인 수 감각을 보여 주는 일화에서 알 수 있듯이, 그는 수학 분야에서 매우 독특한 존재이자 특별한 천재였습니다.

계산으로 컴퓨터를
이길 수 있을까?
존 폰 노이만
John von Neumann

출신: 헝가리 **| 출생:** 1903년 **| 사망:** 1957년

존 폰 노이만은 20세기를 대표하는 천재로 불립니다. 수학 외에도 컴퓨터 과학과 양자 역학, 경제학, 기상학 등 여러 분야에 큰 영향을 미쳤습니다. 특히 경제학 분야에서는 '게임 이론'을 처음으로 제시하며 큰 업적을 남겼습니다.

게임 이론이란 개인 또는 기업을 게임 플레이어로 가정하고 각각의 행동이 서로에게 영향을 미치는 상황에서 의사 결정이 어떻게 이루어지는가를 수학적으로 분석하는 이론입니다. 예를 들어, 포커나 오셀로, 체스, 바둑, 장기 등은 한쪽이 이익을 얻으면 다른 한쪽에 그만큼의 손실이 발생하는 게임입니다. 이런 게임을 제로섬 게임이라고 부릅니다.

노이만은 이러한 제로섬 게임에서는 플레이어가 자신의 이익을 극대화하고 손실을 최소화하는 전략이 존재한다는 것을 증명했습니다. 이것을 '최대 최소 정리'라고 합니다. 이 최대 최소 정리로 노이만은 게임 이론이라는 새로운 수학 분야의 기초를 마련했습니다.

1944년에는 독일 태생의 경제학자 오스카르 모르겐슈테른(Oskar Morgenstern)과 공동 연구를 통해 정리한 게임 이론에 관한 저서 《게임 이론과 경제 행동(Theory of Games and Economic Behavior)》을 출간했습니다. 이후 게임 이론은 경제학, 경영학, 정치학, 군사학, 생물학, 컴퓨터과학 등 여러 분야에서 응용되고 있습니다.

컴퓨터보다
계산이 빠른 것은?

노이만의 가장 큰 업적은 현재 컴퓨터의 원형이라 할 수 있는 폰 노이만 구조를 제안한 것입니다. 폰 노이만 구조는 현재 대부분의 컴퓨터에 사용되는 CPU, 메모리, 프로그램으로 이루어진 프로그램 내장 방식의 설계 구조를 말합니다. 이 때문에 노이만은 '컴퓨터의 아버지'라고도 불립니다.

또, 그는 최초의 본격적인 컴퓨터가 세상에 첫선을 보였을 때

"이제 우리는 세계에서 두 번째로 빠른 계산 수단을 갖게 되었다"라고 말했다고 합니다. 그러면 가장 빠른 계산 수단은 무엇이었을까요? 바로 노이만 자신이었습니다. 실제로 당시 노이만은 초기의 컴퓨터와 계산을 겨뤄서 속도로 이겼다고 합니다.

노이만의 천재성을 보여 주는 많은 일화 중에는 '불완전성 정리'로 유명한 체코의 수학자 쿠르트 괴델(Kurt Gödel)과 관련된 이야기도 있습니다. 1930년에 쾨니히스베르크에서 열린 회의에서 괴델이 '제1 불완전성 정리'를 발표했을 때 노이만도 그곳에 있었습니다. 괴델의 난해한 이론을 듣고 바로 이해한 청중은 노이만 한 사람뿐이었습니다. 천재가 천재를 알아본 것입니다. 또, 회의 후 괴델과 개인적으로 이야기를 나누다가 '제2 불완전성 정리'의 발견도 예견했다고 합니다.

노이만은 1930년에 미국으로 건너가 프린스턴 대학을 거쳐 프린스턴 고등연구소의 교수가 되었습니다. 당시 프린스턴 고등연구소에는 나치의 탄압을 피해 유럽의 저명한 학자들이 모여들었는데, 아인슈타인과 괴델도 이곳에 있었습니다.

노이만은 제2차 세계대전 동안 원자폭탄 개발을 추진하는 맨해튼 계획에도 참여했습니다. 당시 원자폭탄과 관련된 모의실험을 위해 빠른 속도로 계산할 수 있는 컴퓨터가 필요했는데, 이때 노이만이 제안한 것이 폰 노이만 구조였습니다.

노이만은 1955년 왼쪽 어깨 쇄골에 생긴 악성 종양 때문에 몸 상태가 몹시 나빠졌습니다. 그리고 1957년 암으로 사망했습니다. 노이만이 암으로 사망한 것을 두고 핵 실험 현장을 시찰할 때 쬔 방사능 때문이라고 말하는 사람들도 있습니다.

암호 해독으로
전쟁을 끝내다
앨런 튜링
Alan Turing

출신: 영국 **ㅣ 출생:** 1912년 **ㅣ 사망:** 1954년

앨런 튜링은 '튜링 머신'과 '튜링 테스트'로 유명한 천재 수학자입니다. 튜링 머신이란 실제 기계가 아니라 수학 원리로 구성된 가상의 계산 기계로, 현대 컴퓨터의 수학적 모델이라 할 수 있습니다. 즉, 이 튜링 머신은 지금 우리가 매일 쓰는 스마트폰과 노트북의 토대가 된다고 볼 수 있습니다. 그래서 튜링은 '컴퓨터 과학의 아버지'라고 불립니다. 앨런 튜링이 프린스턴 대학의 박사 과정을 밟을 당시 컴퓨터의 원형을 만든 노이만이 프린스턴 고등연구소에 재직 중이었기 때문에 두 사람 사이에 교류가 있었다고 합니다.

프린스턴 대학에서 학위를 취득한 후 1939년에 영국으로 돌

아온 튜링은 제2차 세계대전이 시작되자 영국 정부의 암호 해독 기간에 합류하여 독일군의 암호통신 '에니그마'를 해독하는 작업을 맡습니다. 결국 에니그마를 해독하는 데 성공하면서 영국이 속한 연합국 측의 정보기관이 독일의 공격 지점을 예측할 수 있게 되어 수많은 사람들의 목숨을 구했습니다.

이러한 성과로 "튜링의 암호 해독이 전쟁을 3년 이상 단축시켰다"는 평가를 받았습니다.

영화 〈이미테이션 게임〉에서 튜링이 에니그마를 해독하는 과정을 자세히 그리고 있으니 관심이 있는 사람은 꼭 보기를 바랍니다.

죽은 뒤에야 재평가된
비운의 수학자

튜링은 갈루아와 마찬가지로 불운한 인생을 살다 간 천재였습니다. 에니그마를 해독한 공적은 그가 죽은 후 약 20년 가까이 국가 기밀로 다뤄졌습니다. 1952년에는 당시 범죄로 취급되던 동성애 혐의로 체포되어 유죄 판결을 받았고, 동성애를 치료하기 위한 대량의 약물을 투여받았습니다. 2년 뒤인 1954년, 모멸감과 절망 속에서 살던 그는 41세의 젊은 나이에 생을 마감했습니다. 사인은 청산가리 중독이었고 자살로 알려졌지만, 사고로 사망했을 가능성도 있다는 의견도 있습니다.

튜링이 남긴 업적은 시간이 지나면서 서서히 인정받게 되었습니다. 영국 정부는 2009년에 과거 튜링이 받은 부당한 대우를 공식 사과했고, 2013년에는 엘리자베스 여왕이 그의 동성애 죄를 사면했습니다. 2021년부터 유통되고 있는 새 50파운드 지폐에는 튜링의 초상화가 그려져 있는데, 그 초상화 아래에 생전의 인터뷰에서 남긴 말이 인쇄되어 있습니다.

"이것은 앞으로 다가올 일의 맛보기일 뿐이며, 앞으로 일어날 일의 그림자에 불과하다"

이 말은 미래의 컴퓨터 기술의 발전을 예측한 것이라고 알려져 있습니다.

수많은 수학자들 중에 튜링은 사후에 재평가를 받게 된 대표적 인물이라고 할 수 있습니다.

원숭이도
나무에서 떨어진다
알렉산더 그로텐디크
Alexander Grothendieck

출신: 독일 ┃ **출생:** 1928년 ┃ **사망:** 2014년

그로텐디크는 유대계 수학자로, 앞에서도 소개했듯이 현대 '대수기하학'의 창시자라고 해도 과언이 아닌 인물입니다. 대수기하학이란 대수다양체(다항식으로 주어지는 방정식들의 해의 집합)라고 불리는 도형을 대수학이나 기하학을 이용해 연구하는 현대 수학의 한 분야입니다. 기존의 대수기하학에 '스킴(scheme)' 등의 개념을 도입해 대수기하학을 근본부터 바꾸는 데 성공했습니다. 그의 대표적 논문과 저서로는 《Tohoku(도호쿠 논문)》, 《EGA(대수기하학 원론)》, 《SGA(마리 숲 대수기하학 세미나)》 등이 있으며, '층과 코호몰로지', '스킴', '기본군' 등에 관해 기술하고 있습니다. 《Tohoku》라는 제목은 1957년 일본 도호쿠 수학 저널

에 게재되면서 붙은 이름입니다.

그로텐디크는 프랑스 남부의 몽펠리에 대학과 낭시 대학에서 수학 연구를 했기에 저서는 모두 프랑스어로 쓰여 있었습니다. 대수기하학을 본격적으로 공부하려면 약 5,000쪽에 달하는 그로텐디크의 저서를 읽어야 했는데, 본인의 강력한 의사가 반영되어 그의 저서는 오랜 세월 동안 영어로 번역되지 않았습니다. 그래서 대수기하학을 공부하려면 먼저 프랑스어를 공부해야 한다는 이야기가 있었습니다. 다행히 지금은 영어로 번역되어 출판되었습니다.

말년에는 학계를 떠나
은둔 생활로

그로텐디크의 아버지는 그로텐디크가 14세일 때 아우슈비츠 수용소로 보내져 그해에 숨졌습니다. 그로텐디크도 유대인 강제수용소에 수용되었다가 가까스로 목숨을 구했습니다. 이러한 경험 때문에 그로텐디크는 평생 반전(反戰) 평화주의자의 삶을 살았습니다.

1970년경 당시 교수로 재직하고 있던 프랑스 고등과학연구소가 국방부의 자금 지원을 받았다는 사실을 알고 곧바로 사임했습니다. 이후 학계를 떠나 프랑스 피레네산맥의 어딘가에서 은

둔 생활을 하는 길을 택했습니다. 한동안 길가의 민들레를 뽑아 만든 수프로 몇 달씩 연명하기도 했고, 그에게 연락을 취할 수 있는 사람도 없었다고 합니다. 그리고 2014년에 86세의 나이로 조용히 눈을 감았습니다.

젊은 시절 그로텐디크가 한 실수와 관련된 재미있는 이야기가 있습니다. 어떤 강연에서 소수의 예로 '57'을 들었다는 일화입니다. 57은 소인수분해하면 3×19이므로 소수가 아닙니다. 소수에 관한 연구에서 빼놓을 수 없는 것이 대수기하학이며, 그 대수기하학을 확립한 그로텐디크가 이런 어처구니없는 실수를 한 것입니다.

'원숭이도 나무에서 떨어진다'라기보다는 수학자에게는 개개의 수가 소수인지 아닌지는 그렇게 중요한 문제가 아니며, 구체적인 수를 계산하는 것보다 수 세계의 구조를 파악하는 것이 더 중요하다는 사실을 보여 주는 예일지도 모릅니다. 그로텐디크의 이 실수를 두고 수학계에서는 지금도 57이란 수를 '그로텐디크 소수'라고 부르며 농담 소재로 삼기도 합니다.

문과도 알아 두면
도움되는 계산의 기술

문과도 알아 두면
도움되는 계산의 기술 1

"수학자들은 매일 계산을 하나요?"

도쿄대의 대학원에서 수학을 연구하고 있기 때문일까요? 사람들을 만날 때면 이런 질문을 자주 받습니다. 그때마다 대답하기가 참 난처합니다. 일반인이 생각하는 계산과 수학자가 하는 계산 사이에는 큰 차이가 있기 때문입니다.

예를 들면, 사람들은 보통 계산이라고 하면 3+5=8이나 4×6=24와 같은 사칙연산을 떠올리지 않나요? 그러나 수학자가 계산한다고 하는 경우에는 사칙연산을 가리키는 일이 거의 없습니다. 물론 사칙연산을 잘하는 수학자도 있겠지만, 수학자라고 해서 사칙연산을 특별히 잘한다는 보장도 없고, 사칙연산을 잘

해서 수학자가 된 것은 더더욱 아닙니다.

고등학교, 대학교로 올라갈수록 오히려 구체적인 수를 다룰 기회는 점점 줄어듭니다. 예를 들어, 자연수는 영어 'natural number'의 머리글자를 딴 'n'이라는 기호로 나타내고, 이 n을 사용해 계산합니다. 만약 계산하는 도중에 구체적인 수가 나오면 저도 모르게 자세를 고쳐 잡고, 10과 같은 숫자를 보면 '오호, 정말 큰 수가 나왔어!'라고 속으로 외칠 정도입니다.

제가 하고 싶은 말은 '수학력(數學力)'과 '계산력(計算力)'은 서로 다른 것이므로, 계산을 잘하지 못한다고 해서 수학에 미리 겁먹을 필요가 없다는 것입니다. 계산기, 컴퓨터, 스마트폰 같은 디지털 기기가 일상적으로 쓰이는 요즘, 계산 같은 것은 이런 디지털 기기에 맡기면 됩니다.

그렇다고 해도 슈퍼마켓에서 작은 금액을 계산하려고 일일이 디지털 기기를 꺼내기는 귀찮습니다. 그러니 구구단 정도는 기억해 둘 필요가 있겠지만, 큰 수의 사칙연산은 잘하지 않아도 전혀 상관없습니다.

중학교 때부터 고등학교 때까지는 '방정식'이나 '미적분' 등을 배웁니다. 이런 것들은 모두 추상적인 개념입니다. 수학력이라는 측면에서 볼 때 필요한 것은 오히려 이러한 추상적인 개념에 익숙해지고, 이러한 것들을 나타내는 다양한 수학 기호를 잘 다루게 되는 것이라고 할 수 있습니다.

편리한 계산 기술을
소개합니다

저 역시 빠르게 암산해서 답을 내는 능력은 없습니다. 하지만 어릴 때부터 수를 정말 좋아했고, 수학을 전문으로 하지 않는 사람보다는 아무래도 계산할 기회가 많습니다.

그래서 빠르게 계산하는 기술을 몇 가지는 알고 있습니다. 그 중에서 기억해 두면 편리한 계산 기술들을 별도로 소개하겠습니다. 수학 시험을 칠 때도 분명 도움이 될 겁니다.

외워두면 편리한
거듭제곱 값

첫 번째로 소개하고 싶은 것은 '제곱 값을 외워 두자'입니다.

제곱이란 같은 수를 두 번 곱하는 것을 말합니다. 예를 들어, '3의 제곱'이란 3×3=9를 말하며, 3^2으로 나타냅니다. 참고로 '3의 3제곱'이란 3×3×3=27을 말하며, 3^3으로 나타냅니다. 이처럼 같은 수를 여러 번 곱하는 것을 거듭제곱이라고 합니다. 이때 거듭제곱을 한 횟수를 나타내는 수, 즉 주어진 숫자의 오른쪽 위에 쓰인 작은 숫자를 지수라고 부릅니다. 이 지수를 이용한 함수를 '지수함수'라고 합니다.

그럼 1부터 10까지의 제곱 값은 구구단을 외우고 있으면 바로 답이 나올 겁니다.

$1^2=1$ $2^2=4$ $3^2=9$

$4^2=16$ $5^2=25$ $6^2=36$

$7^2=49$ $8^2=64$ $9^2=81$

$10^2=100$

그러면 11부터는 제곱 값이 얼마일까요?

$11^2=121$ $12^2=144$

$13^2=169$ $14^2=196$

$15^2=225$ $16^2=256$

$17^2=289$ $18^2=324$

$19^2=361$

각각의 제곱 값은 위와 같습니다.

제곱 값은 계산 과정에서 상당히 자주 나오기 때문에 여기까지만 외워 둬도 제법 도움이 될 것입니다. 시험을 볼 때도 계산 실수를 줄이거나, 어디서 계산 실수를 했는지 재빨리 발견하는 데 도움이 됩니다.

예를 들어, '16×17은 얼마인가?'라는 문제가 나왔을 때 제곱 값을 외우고 있으면 16^2인 256보다 크고 17^2인 289보다 작은 값이 된다는 것을 알 수 있습니다. 계산한 답이 300이 넘는다면 곧

바로 계산이 틀렸다는 것을 알게 됩니다.

마찬가지로, 31^2=961, 32^2=1,024이므로, '제곱해서 처음으로 1,000이 넘는 수는 32다'라고 기억해 두면 좋습니다. 예를 들어, 28×29의 값이 1,000이 넘는다면 분명한 계산 실수입니다.

그 밖에도 암기해 두면 편리한 거듭제곱 값이 있습니다.

2^3=8	2^4=16	2^5=32
2^6=64	2^7=128	2^8=256
2^9=512	2^{10}=1,024	

위와 같은 2의 거듭제곱은 컴퓨터 시스템 개발이나 소프트웨어 개발에 많이 사용되는 값이므로, IT 관련 일을 한다면 대부분 외우고 있을 것입니다. 컴퓨터는 0과 1 두 개의 숫자로만 이루어진 이진법을 사용하기 때문에 데이터의 단위인 바이트(byte)도 2의 거듭제곱으로 나타낼 수 있습니다.

1장에서 설명한 대로 킬로는 SI 접두어에서 '1,000'이라는 뜻입니다. 따라서 SI 접두어로 데이터를 표시할 때는 1메가바이트 =1,000킬로바이트=$1,000^2$바이트, 1기가바이트=1,000메가바이트=$1,000^3$바이트, 1테라바이트=1,000기가바이트=$1,000^4$바이트로 나타냅니다.

이를 조금 더 정확히 표시하려면 이진 접두어를 사용합니다. 예를 들어, 킬로 단위라면 킬로 이진 바이트라는 뜻의 키비바이트(KiB) 단위를 사용하며 2의 거듭제곱 형태로 나타냅니다. 즉, 1,000에 가장 가까운 2의 거듭제곱이 2^{10}=1,024이므로, 1키비바이트=2^{10}바이트=1,024바이트가 됩니다.

더 큰 단위를 이진 접두어로 나타내면 다음과 같습니다.

1메비바이트=1,024키비바이트=$1,024^2$바이트
1기비바이트=1,024메비바이트=$1,024^3$바이트
1테비바이트=1,024기비바이트=$1,024^4$바이트

이번에는 제가 좋아하는 '인수분해'를 이용한 계산 기술을 알려 드리겠습니다. 그 전에 문제를 하나 내겠습니다. 99×101은 얼마일까요? 네, 맞습니다. 답은 9,999입니다. 그럼 49×51은 얼마일까요? 답은 2,499입니다.

마지막 문제입니다. 18×22는 얼마일까요? 네, 답은 396입니다.

이 문제들은 모두 종이와 연필을 사용하지 않고도 쉽게 계산할 수 있습니다. 바로 인수분해를 이용하기 때문입니다. 인수분해란 덧셈이나 곱셈이 섞여 있는 식을 괄호로 묶어 곱셈의 식으로 바꾸는 것을 말합니다. 수학 시간에 배우는 인수분해 공식에는 다음 네 가지가 있습니다.

$$(1)\ x^2+(a+b)x+ab=(x+a)(x+b)$$
$$(2)\ x^2+2xy+y^2=(x+y)^2$$
$$(3)\ x^2-2xy+y^2=(x-y)^2$$
$$(4)\ x^2-y^2=(x+y)(x-y)$$

앞에서 풀어본 계산 문제 3개는 모두 위 공식 중 (4)을 이용합니다. 먼저, 99=100-1, 101=100+1이라고 할 때 다음과 같이 계산할 수 있습니다.

$$
\begin{aligned}
99\times101 &= (100\text{-}1)(100\text{+}1) \quad \leftarrow\text{공식 (4)를 이용}\\
&= 100^2\text{-}1^2\\
&= 10,000\text{-}1\\
&= 9,999
\end{aligned}
$$

마찬가지로 다른 두 문제도 다음과 같이 계산할 수 있습니다.

$$
\begin{aligned}
49\times51 &= (50\text{-}1)(50\text{+}1)\\
&= 50^2\text{-}1^2\\
&= 2,500\text{-}1\\
&= 2,499\\
18\times22 &= (20\text{-}2)(20\text{+}2)\\
&= 20^2\text{-}2^2\\
&= 400\text{-}4\\
&= 396
\end{aligned}
$$

또한, 105^2이나 95^2 같은 문제는 공식 (2) 또는 공식 (3)을 이용하면 다음과 같이 간단히 계산할 수 있습니다.

$$105^2=(100+5)^2 \leftarrow 공식\ (2)를\ 이용$$
$$=100^2+2\times100\times5+5^2$$
$$=10,000+1,000+25$$
$$=11,025$$
$$95^2\ =(100-5)^2 \leftarrow 공식\ (3)을\ 이용$$
$$=100^2-2\times100\times5+5^2$$
$$=10,000-1,000+25$$
$$=9,025$$

이처럼 인수분해 공식을 이용하면 쉽게 계산할 수 있기 때문에 저도 자주 사용합니다. 꼭 쓰지 않아도 되는 경우에도 '인수분해를 이용해서 계산하면 어떻게 될까'라고 생각하며 일부러 사용하기도 합니다.

18×21를 계산하는 경우라면 $18\times22-18$과 같은 식으로 바꾸면 계산이 쉬워집니다.

$$18\times21\ =(20-2)(20+2)-18 \leftarrow 공식\ (4)를\ 이용$$
$$=20^2-2^2-18$$
$$=400-4-18$$
$$=378$$

이와 같이 어떤 두 수를 곱할 때는 먼저 두 수의 가운데 있는 수를 생각해 보는 것이 좋습니다. 그 수가 20이나 30처럼 딱 떨어지는 수라면 계산하기는 더 쉬워집니다. 조금 작거나 크다 해도 18×21처럼 얼마든지 쉽게 계산할 수 있는 방법을 찾을 수 있습니다.

예를 들어, 13×55를 계산할 때 55를 50+5로 나누어 생각하는 것도 인수분해를 이용하는 기술의 하나입니다.

$$13 \times 55 = 13 \times (50+5)$$
$$= 13 \times 50 + 13 \times 5$$
$$= 715$$

13×55를 암산하기는 어렵지만, 13×50+13×5라면 암산으로도 충분히 풀 수 있습니다.

계산하기 쉬운 단위로 변환하자

인수분해 외에도 '어떤 수를 5로 나눌 경우 그 수에 2를 곱한 다음 10으로 나눈다'와 같이 쉽게 활용할 수 있는 치트키 같은 계산 기술들이 많습니다

현재 일본의 소비세(우리나라의 부가가치세에 해당)는 10%입니다.

만약 소비세가 5%이고, 물건을 구입할 때 세금이 포함된 가격이 안내되어 있지 않다면 어떻게 해야 할까요? 물건의 원래 가격을 2로 나누고 다시 10으로 나누어 소비세를 계산하는 방법을 쓰면 됩니다.

사소한 이야기라고 생각할 수 있겠지만, 처음부터 5를 곱해 100으로 나누는 것보다 단계를 밟아 계산하는 편이 더 쉬운 경우도 적지 않습니다. 만약 소비세가 8%라면 원래 금액에 8을 곱해서 100으로 나누면 됩니다. 8을 곱하는 계산이라니 생각만 해도 머리가 지끈거리지요?

원래 금액이 25의 배수라면 다음과 같은 계산 방법을 생각할 수 있습니다. 원래 금액을 25로 나눈 다음 2를 곱하는 것입니다. 25로 나눈다는 것은 0.04(=4%)를 곱한다는 뜻이며, 거기에 2를 곱하면 0.08을 곱하는 것이 됩니다.

예를 들어, 원래 금액이 125엔(1,250원)이고 소비세 8%를 계산하는 경우를 생각해 봅시다. 일단 125를 25로 나눕니다. 그러면 125÷25=5가 나오고, 거기에 2를 곱하면 10, 즉 소비세는 10엔(100원)입니다. 따라서 8%의 소비세를 포함한 총금액은 135엔(1,350원)입니다.

이처럼 숫자를 2, 5, 25와 같은 계산하기 쉬운 단위(기준으로 하는 값)로 바꾸면 쉽고 빠르게 계산할 수 있습니다.

문과도 알아 두면
도움되는 계산의 기술 3

계산 방법은 꼭 한 가지 방법만 정해져 있지 않습니다. 여유가 있을 때 여러 가지 계산 방법을 궁리해 보는 것도 꽤 재미있을 것입니다.

예를 들어, 사칙연산 중 덧셈과 곱셈은 두 수의 순서를 바꿔도 답이 같은 '교환법칙'이 성립하지만, 뺄셈과 나눗셈은 교환법칙이 성립하지 않습니다. 즉, 15-6을 6-15, 또는 4÷4를 4÷24 순서로 바꿀 수 없습니다.

계산할 때 수의 순서는 매우 중요합니다. 다만, '15-6'의 6을 -6으로 하거나, '24÷4'의 4를 $\frac{1}{4}$와 같은 분수로 바꾼 다음 덧셈이나 곱셈으로 변환해 교환법칙이 성립하도록 하는 것은 가능합니다. 즉, 다음과 같이 계산됩니다.

$$15-6=15+(-6)$$
$$=(-6)+15$$
$$24\div4=24\times\frac{1}{4}$$
$$=\frac{1}{4}\times24$$

반면, 덧셈이나 곱셈이라면 교환법칙을 적극적으로 이용하는 것이 좋습니다.

예를 들어, 여러분은 25×13×4를 어떻게 계산하시나요? 저라면 제일 먼저 교환법칙을 이용하겠습니다. 25×13×4의 곱셈 순서를 25×4×13으로 바꾸면 25×4=100이므로, 25×4×13=1,300이라는 것을 금방 알 수 있습니다. 이렇게 25×4=100이나 125×8=1,000과 같은 패턴은 외워 두면 많은 도움이 될 것입니다.

최대공약수란 무엇일까?

두 개 이상의 자연수가 있을 때, 각각의 약수 중 공통된 약수를 '공약수'라고 합니다. 그중에서 가장 큰 공약수가 '최대공약수'입니다.

예를 들어, 18의 약수는 1, 2, 3, 6, 9, 18이고, 24의 약수는 1,

2, 3, 4, 6, 8, 12, 24입니다. 따라서 18과 24개의 공약수는 1, 2, 3, 6으로 4개이며, 최대공약수는 6입니다.

　먼저, 약수를 빨리 찾는 방법을 소개하겠습니다. 2를 약수로 갖는 자연수는 짝수이므로, 일의 자릿수는 0이나 2, 4, 6, 8 중 하나가 됩니다. 다음으로 5를 약수로 갖는 자연수의 일의 자릿수는 0이나 5가 되고, 10을 약수로 갖는 자연수의 일의 자릿수는 0이 됩니다.

　그러면 어떤 자연수가 3을 약수로 갖는지의 여부를 구별하는 방법은 알고 있나요? 이것은 '각 자릿수를 모두 더한 값이 3으로 나누어떨어지는가'에 따라 판단할 수 있습니다. '더한 값이 3으로 나누어떨어지면 원래의 수도 3으로 나누어떨어진다. 즉, 3을 약수로 갖는다'라고 할 수 있습니다. 9,744의 경우 각 자릿수를 더한 값은 9+7+4+4=24입니다. 24는 3으로 나누어떨어지므로, 3은 9,744의 약수입니다.

　그 이유를 설명해 드릴게요. 9,744=9×1,000+7×100+4×10+4입니다. 여기서 1,000=999+1, 100=99+1, 10=9+1로 분해합니다. 999와 99와 9는 모두 3으로 나누어떨어지므로 3의 배수입니다. 여기서 다음과 같이 식을 변형합니다.

$$9{,}744 = 9 \times (999+1) + 7 \times (99+1) + 4 \times (9+1) + 4$$
$$= (9 \times 999 + 7 \times 99 + 4 \times 9) + (9+7+4+4)$$

그러면 9×999+7×99+4×9의 부분은 3의 배수이므로 9+7+4+4
가 3의 배수인지를 살펴보면 되는 것입니다. 즉, 각 자릿수를 모
두 더한 값을 구하면 3을 약수로 갖는지 알 수 있습니다. 이 방
법은 아무리 큰 자연수라도 똑같이 적용할 수 있습니다.

문과도 알아 두면
도움되는 계산의 기술 4

앞에서 최대공약수가 무엇인지 알아보았다면, 지금부터는 최대공약수를 간단하게 구하는 방법을 소개하겠습니다. 제가 추천하는 방법은 수학자 유클리드가 만든 '유클리드의 호제법'입니다. 에라토스테네스의 체와 마찬가지로 '인류 역사상 가장 오래된 알고리즘'으로 알려져 있습니다.

유클리드 호제법이란 자연수 2개의 최대공약수를 구하는 방법입니다. 'a와 b라는 2개의 자연수가 있고 a가 b보다 크다면, a를 b로 계속 나누어 마지막으로 나누어떨어질 때(나머지가 0일 때) 나눈 수가 최대공약수이다'라는 원리를 활용합니다.

즉, 다음과 같은 순서를 따릅니다.

(1) 2개의 자연수 중 큰 수(피제수)를 작은 수(제수)로 나눈다.
(2) 나머지가 0이 아니면 (1)의 제수를 (1)의 나머지로 나눈다.
(3) (2)의 나머지가 0이 될 때까지 계속 나눈다. 나머지가 0이 될 때의 제수가 최대공약수이다.

글로만 읽으면 이해하기 어려우니 구체적인 예를 들어 보겠습니다. '24와 18의 최대공약수를 구하라'라는 문제라면 보통 각각의 약수를 구해 최대공약수를 구합니다. 반면, 유클리드 호제법에서는 먼저 큰 수를 작은 수로 나누어 나머지를 구합니다. 즉, 24÷18=1…6이 되고, 다음으로 제수인 18을 나머지 6으로 나누면 18÷6=3이 되고 나머지는 0입니다. 이때 제수인 6이 최대공약수입니다.

이 예는 수의 크기가 작아 쉽게 구할 수 있으므로, 조금 더 큰 수의 최대공약수를 구해봅시다. 예를 들어, 141과 252의 최대공약수를 유클리드 호제법을 이용해 구하면 다음과 같습니다.

(1) 252÷141=1…111 ←큰 수를 작은 수로 나눈다
(2) 141÷111=1…30 ←(1)의 제수를 (1)의 나머지로 나눈다
(3) 111÷30=3…21 ←(2)의 제수를 (2)의 나머지로 나눈다

아는 만큼 보이는 세상 | 수학 편

(4) $30 \div 21 = 1 \cdots 9 \leftarrow$ (3)의 제수를 (3)의 나머지로 나눈다

(5) $21 \div 9 = 2 \cdots 3 \leftarrow$ (4)의 제수를 (4)의 나머지로 나눈다

(6) $9 \div 3 = 3 \leftarrow$ (5)의 제수를 (5)의 나머지로 나눈다

(7) 나머지가 0일 때의 제수인 3이 최대공약수

이처럼 단순히 나눗셈만 반복해도 쉽게 최대공약수를 구할 수 있습니다.

유클리드 호제법을 이용하지 않고 최대공약수를 구할 때는 각 수의 약수를 나열하고, 그중에서 공통된 약수 중 가장 큰 수를 찾는 방법 이외에 소인수분해를 이용해 찾는 방법도 있습니다. 이 방법은 각각의 수를 소인수분해하고 공통된 소수를 찾아 모두 곱하면 됩니다.

예를 들어, 108과 56의 최대공약수를 구하려면 먼저 108과 56을 각각 소인수분해합니다. $108 = 2^2 \times 3^3$, $56 = 2^3 \times 7$이므로 공통된 소수는 $2^2 = 4$입니다. 따라서 4가 최대공약수입니다.

그러나 이보다 더 큰 수라면 소인수분해하기가 매우 어렵습니다. 따라서 유클리드 호제법을 이용해 나눗셈을 반복하는 것이 훨씬 계산량이 적고 더 쉽게 최대공약수를 찾을 수 있습니다. 유클리드 호제법을 꼭 기억해 두세요.

우리 모두가
'자기만의 공식'을
찾게 될 그날까지

마지막으로 수학에 얽힌 저의 역사를 자세히 말씀드리겠습니다. 저는 유치원을 다닐 때 스도쿠 문제의 네모 칸 안에 답을 베껴 적어 넣는 놀이에 푹 빠져 지냈습니다. 혼자서는 풀지도 못하면서 말입니다. 그림을 그리는 대신 숫자를 쓰며 놀았다는 느낌일까요? 아버지는 생물학 연구자셨고 어머니는 성악을 하셨는데 왜 수학을 좋아하는 아이가 태어났는지는 지금도 수수께끼입니다. 실제로 저는 생물에는 거의 관심이 없었습니다.

초등학생 때는 '산수올림픽(초등학생 이하 어린이를 대상으로 하는 일본의 산수 콘테스트)'에 나갔습니다. 거기서 만난 분이 히로나카 헤이스케(일본의 수학자로, 일본인으로서는 두 번째 필즈상 수상자) 선생

님과 피터 프랭클(일본에서 활동하는 헝가리 출신의 수학자이자 교육자)
씨였습니다. 히로나카 선생님의 모교인 교토 대학은 히로나카
선생님을 비롯해 수학 분야의 노벨상으로 불리는 '필즈상' 수상
자를 2명이나 배출한 대학이어서 저도 한때는 교토 대학을 목표
로 했습니다. 그런데 고등학생 때 '수학올림피아드'에 참가하면
서 도쿄 대학으로 목표가 바뀌었습니다. 이 대회의 참가자는 대
부분 도쿄 대학에 진학했기 때문이었습니다.

히로나카 선생님의 전문 분야는 그로텐디크가 확립한 대수기
하학인데, 도쿄 대학에도 제가 수업을 들었던 가와마타 유지로
선생님을 비롯해 대수기하학 분야에서 유명한 선생님이 많습니
다. 또 대수기하학 이외에도 '작용소환론'이라는 이론의 연구로
유명한 가와히가시 야스유키 선생님이 계십니다.

도쿄 대학에는 저보다 수학을 잘하는 사람이 분명히 많을 것
이라 생각했고 만약 공부를 하다가 의욕이 꺾이면 중간에 포기
하려고 했습니다만, 운 좋게 수학을 전공하여 지금에 이르렀습
니다.

수학은 크게 '대수', '기하', '해석'으로 나뉘는데, 저는 그중에서
도 대수를 좋아해서 대수학의 한 분야인 '표현론'을 전문 분야로
선택했습니다. 현재는 '리 대수의 표현론'이라는 것을 연구하고
있습니다.

또, 컴퓨터 프로그램이나 알고리즘을 생각하는 것도 좋아합니

다. 리 대수의 표현론은 기초연구이므로 실제 사회와 직접 연결되는 것은 아니지만, 프로그래밍의 경우 사회에 도움이 되는 소프트웨어를 만드는 등 사회와 직결되기 때문에 기초연구와 응용연구 모두 관심이 있다고 해도 좋을 것 같습니다.

퀴즈 프로그램에 출연하려면 다양한 분야를 넓고 얕게 공부해야 하는데, 그건 그것대로 즐거웠습니다. 하지만 역시 수학의 심오한 세계가 저를 가장 매료시킵니다.

자신만의 늪에
마음껏 빠져봅시다

여러분께 꼭 전하고 싶은 말은 무언가를 좋아하는 마음을 조금 더 소중히 여기라는 것입니다.

앞에서 수학올림피아드에 나갔다는 이야기를 했는데, 사실 저는 세 번 도전해 세 번 다 지방 예선을 통과하지 못하고 탈락했습니다. 세계 대회는커녕 국내 예선에도 진출하지 못한 것입니다.

대학에서 박사과정을 마친 지금 그때의 일을 돌이켜 보면, 내가 좋아하는 일이라면 언젠가는 해낼 수 있구나 하는 생각이 듭니다. 그 일이 제일 잘하는 일이 아니라도 말입니다. 물론 수학올림피아드에서 멋지게 활약해 수학자가 되는 사람도 있지만,

저를 포함해 별다른 성과를 거두지 못했더라도 커서 수학자가 된 사람도 많습니다.

그러니 여러분들도 관심이 있거나 좋아하는 일이 있다면 주위를 신경 쓰지 말고 마음껏 그 일에 푹 빠져보길 바랍니다.

원리 하나 알았을 뿐인데 일상이 편해지는 수학 첫걸음

아는 만큼 보이는 세상 | 수학 편

1판 1쇄 2023년 10월 20일
1판 2쇄 2023년 12월 17일

지은이 쓰루사키 히사노리
옮긴이 송경원
펴낸이 유경민 노종한
책임편집 이지윤
기획편집 유노책주 김세민 이지윤 **유노북스** 이현정 조혜진 권혜지 정현석 **유노라이프** 권순범 구혜진
기획마케팅 1팀 우현권 이상운 **2팀** 유현재 김승혜 이선영
디자인 남다희 홍진기 허정수
기획관리 차은영
펴낸곳 유노콘텐츠그룹 주식회사
법인등록번호 110111-8138128
주소 서울시 마포구 월드컵로20길 5, 4층
전화 02-323-7763 **팩스** 02-323-7764 **이메일** info@uknowbooks.com

ISBN 979-11-92300-87-0 (03410)